U0175748

如何漫游宇宙大爆炸

THE
TRAVELLER'S
GUIDE TO
THE BIG BANG

Joel Levy

[英] 乔尔·利维 著

青年天文教师连线 译

北京联合出版公司 . 活音
Beijing United Publishing Co.,Ltd.

图书在版编目（CIP）数据

如何漫游宇宙大爆炸 / (英) 乔尔·利维著；青年
天文教师连线译. -- 北京：北京联合出版公司，2023.1
ISBN 978-7-5596-6318-4

Ⅰ. ①如… Ⅱ. ①乔… ②青… Ⅲ. ①"大爆炸"宇
宙学—普及读物 Ⅳ. ①P159.3-49

中国版本图书馆CIP数据核字（2022）第113436号

The Big Bang: The Traveller's Guide By Joel Levy
Created by Hugh Barker for Palazzo Editions Ltd
Cover art and illustrations by Diane Law
Copyright: ©Text & illustrations ©2018 Palazzo editions Ltd, design & layout ©2018
Palazzo editions Ltd

Simplified Chinese edition copyright © 2023 by Beijing United Publishing Co., Ltd.
All rights reserved.
本作品中文简体字版权由北京联合出版有限责任公司所有

如何漫游宇宙大爆炸

[英] 乔尔·利维（Joel Levy）　著

青年天文教师连线　译

出 品 人：赵红仕　　　　　　特约编辑：张　毅
出版监制：刘　凯　赵鑫玮　　封面设计：奇文云海
选题策划：联合低音　　　　　内文排版：张　斌
责任编辑：蔺　鑫

关注联合低音

北京联合出版公司出版
（北京市西城区德外大街83号楼9层　100088）
北京联合天畅文化传播公司发行
北京美图印务有限公司印刷　新华书店经销
字数162千字　787毫米×1092毫米　1/32　5.125印张
2023年1月第1版　2023年1月第1次印刷
ISBN 978-7-5596-6318-4
定价：60.00元

目　录

最佳参观时机
Periods to Visit

旅程的开端
The Start of Your Journey

你是不是正在寻找一个令人一生难忘的假期？那么，给你一个包含所有已知时间的假期怎么样？请前往宇宙大爆炸的现场看看吧，一切都是从那里开始的——它创造了整个宇宙！前往时间和空间的诞生之地，自然危险重重，充满困苦，但是这本友好的漫游指南会随时待命，为你旅行中的每一步提供贴身帮助。

这本必不可少的手册将会为你说明：你应该在什么时候看什么；需要采取什么措施来避免自己的身体被完全分解为原子尘埃；以及应该如何最大限度地从穷尽宇宙的生命也只能享受一次的旅程中获取新知和感悟，从你需要了解的科学发现到产生它们的历史环境，可谓无所不包。

你要想美美地享受假期，第一步都是要先到达目的地。但是，大爆炸是"何时"而不是"何地"——因此，到达那里需要一种非传统的思维和坚定的信念。物理学定律可能会让人们实现时间旅行，不过也可能不会，而现有的具备理论可行性的交通方式往最好里说，也要动用整个宇宙的能量，而且极其致命。

时间箭头

在传统的物理学中，时间有一个单一的、不可逆转的方向，那就是从过去指向现在，再到未来。有时这被称为"时间箭头"。决定时间方向的力量之一是熵（entropy），这是一个丰富而含糊的概念，被定义为无序、随机或不能做功的能量。物理学定律表明，熵总是增加的。例如，熵增意味着破碎的玻璃不能自动重新拼接起来。

从宇宙大爆炸到今天，时间一直只向前流动

时间维度

然而，爱因斯坦意识到，时间并不是绝对的。相反，对于不同的观测者来说，时间流逝的速度不同。在相对论（relativity）的概念中，时间被视为与长度、高度、深度[1]并存的另一个维度，这四个维度共同组成了一个可以扭曲、变形的结构（被称为"时空"）。这种对时间的思考方式提出了一种有趣的可能性，即时空可以被扭曲，这样我们就可以在第四个维度（时间）中旅行，正如我们在其他三个维度中所做的那样。

让我们一起扭曲时空吧！

扭曲时空并不容易，它需要巨大的质量或者能量（相对论告诉我们，质量和能量可以相互转化）。为了开启去往大爆炸的一生最难忘的假期，你可能想要考虑"曲速引擎"这个选择，包括虫洞（wormhole）和宇宙圆柱体。快子远距离传送（tachyonic teleportation）给我们提供了另一种到达早期宇宙的途径，用这种方法就不用把现存的宇宙搭进去。只不过从你的视角来看，在这个过程中你可能难逃一死。我们将在接下来的几页中看一看每一种选择。但是，首先我们需要绕开亚原子物理（subatomic physics）这个奇异的世界。

---

1 通常三个空间维度指的是长度、宽度、高度。

你一直想知道但都不敢问的关于
亚原子物理的一切

Everything You Always Wanted To Know About Subatomic
Physics But Were Too Afraid to Ask

当你旅行到大爆炸时，你不仅是在进行一段穿越时空的旅行，更是在穷尽物理学本身—— 从极大到极小，从无限长到无限短，以及从我们所知的物质到亚原子粒子、基本力及其他。早期宇宙的条件非常极端，具有极大的能量密度，意味着像引力、电磁力这样的力在当时是统一在一起的，而一些奇异粒子在这种情况下也会存在。要想理解这种极端条件下的物理学，你需要了解一些关于物质和能量的基础知识。

在我们的日常生活中，物质主要是由原子构成的——原子是稳定的，而且大多数是由不可分割的很重的原子核以及原子核周围质量可忽略的带电粒子（电子）构成的。原子核本身由更小的（亚原子的）粒子［质子（proton）和中子（neutron）］构成，这些粒子又是由更小的叫作夸克（quark）的粒子构成的。此外，还有一个由其他粒子构成的基本粒子体系，比如中微子（neutrino）和快子（tachyon），它们要么构成物质，要么作为传递力的媒介。

今天宇宙中的能量是通过四种基本力来表达的——电磁力、引力、强核力（strong nuclear force，又称强相互作用力）

和弱核力（weak nuclear force，又称弱相互作用力），只不过在日常生活中，我们只对前两种力熟悉并且有直接的经验，而后两种力是在亚原子尺度上起作用的。请翻阅"大统一时期（Grand Unification Epoch）"（详见第68页），看看这些力是如何产生的。

力是两个物体之间的相互作用，其中能量通过这种相互作用在两个物体之间传递。物理学家在描述这一点时是这样说的，类似粒子的能量包发生了交换。当电磁力发生作用时（例如，光发射出来），这些能量包被称为光子（photon）。其他的媒介粒子（统称为规范玻色子）包括胶子（gluon）、W玻色子和Z玻色子（W and Z bosons）。

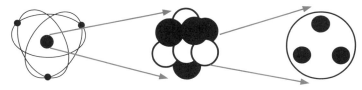

原子的中心是原子核。原子核包括质子和中子，它们由夸克构成。

让它简单点！

不同元素的特性和性质取决于它们的原子构成。最简单的原子——氢，由一个质子和一个电子构成。当原子失去电子时，它们就变成了带电粒子或离子。一簇或一团带电粒子被称为等离子体（plasma）。氢的等离子体由游离的质子组成，是早期宇宙的重要组成部分。请翻阅"地方土特产：夸克汤"（详见第46页），了解对大爆炸旅行者有用的奇异粒子汤。

$ € £

宇宙汇率
Cosmic Exchange Rates

一次很稀松平常的度假，比如从迪拜飞到北京可能需要花费 7 个小时，全程约有 6,000 千米。但是，当你到访宇宙大爆炸时，你必须要为个人视野的彻底改变做好准备。

大爆炸目的地的范围涵盖从数十亿光年的大尺度结构到一纳米的极小部分，如果你想避免犯令人尴尬的错误，你需要巨细无遗地了解从皮秒到拍米的全部知识。

你需要理解的是基本原理中的"数量级"。我们使用十进制，所以大或者小一个数量级意味着大或者小 10 倍。因此，100K[1]（见下页方框）比 10K 大一个数量级，但比 10,000 K 小两个数量级。

类似地，0.1 米比 1 米小一个数量级，但比 0.001 米大两个数量级。由于宇宙学的物理量涉及的零的个数会有很多，因此科学家通常更喜欢使用幂指数来表示这些数，上标的数字代表这个数有多少个零：例如，$10^1=10$，$10^3=1000$，$10^{-4}=0.0001$。

下一页的图表展示了用于描述不同数量级的前缀。

---

1 K 为热力学温标（或称绝对温标）的符号，即开尔文（Kelvin），是国际单位制中的温度单位。——编注

数字		前缀	数字		前缀
10^1	十	da	10^{-1}	分	d
10^2	百	h	10^{-2}	厘	c
10^3	千	k	10^{-3}	毫	m
10^6	兆	M	10^{-6}	微	μ
10^9	吉(咖)	G	10^{-9}	纳(诺)	n
10^{12}	太(拉)	T	10^{-12}	皮(可)	p
10^{15}	拍(它)	P	10^{-15}	飞(母托)	f
10^{18}	艾(可萨)	E	10^{-18}	阿(托)	a
10^{21}	泽(它)	Z	10^{-21}	仄(普托)	z
10^{24}	尧(它)	Y	10^{-24}	幺(科托)	y

比如说，一吉焦耳是十亿焦耳，而一纳米是十亿分之一米。了解极大和极小的单位对于理解大爆炸的科学至关重要。

我们需要谈一谈"开尔文"

物理学家使用开尔文温标来标定、量化温度，因为它是绝对的而不是相对的（因此不使用其他温标，比如摄氏温标和华氏温标）。开尔文温标以苏格兰物理学家开尔文勋爵的名字命名。一般所说的绝对零度指的便是 0K，这是一种纯理论上能量为零的状态，相当于大约 -273℃。

如何建造一个时间隧道
How To Build a Time Tunnel

想象一下，宇宙的时空结构是一张很大的橡胶膜。不同的时空区域会相距很远，但是如果你将这张膜折叠起来，原来距离很远的两个区域，就有可能在橡胶膜之外的另一个维度上变得距离很近。如果有某种方法可以在两层膜之间打开一个通道或者隧道，并且穿过中间更高维度的空间，将会怎么样呢？在这种情况下，穿过隧道的旅客能够在瞬间移动很远的距离，如果隧道的两端恰好以一端保持静止、一端继续加速的方式打开，那么就可以实现时空穿越了。

科学家把这种连通不同时空区域的隧道称为虫洞，它们可能是通过两个黑洞的连接形成的——实际上是时空结构中的无底洞。通常情况下，任何这样的虫洞在形成瞬间都会坍缩，但美国物理学家基普·索恩（Kip Thorne,1940—）通过计算得出，理论上存在一个由"负物质"或者说"奇异物质"构成的球体，可以为旅行者打开虫洞，并让其通过。

这种可穿越的虫洞只能回到虫洞被打开的时刻，因此要

虫洞也被称为"爱因斯坦 - 罗森桥（Einstein-Rosen bridge）"

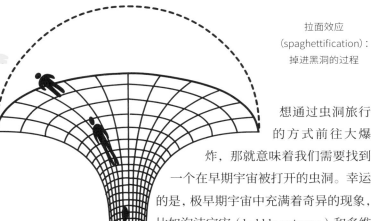

拉面效应
(spaghettification)：
掉进黑洞的过程

　　想通过虫洞旅行的方式前往大爆炸，那就意味着我们需要找到一个在早期宇宙被打开的虫洞。幸运的是，极早期宇宙中充满着奇异的现象，比如泡沫宇宙（bubble universe）和多维度的膜宇宙，所以也许在今天，我们可以打开一个虫洞的一端，让它与大爆炸后第一个瞬间被打开的虫洞连接起来。

　　为了打开一个虫洞并让它保持开放，你需要制造奇异的物质和能量去控制和操纵黑洞。黑洞的巨大引力对任何落入其引力范围的东西都有奇异的效应。例如，一个以头朝上的方式接近黑洞的太空旅行者很可能就会被拉成细面条，脚部和头部所受到的潮汐力的巨大差异会将身体拉成一条长长的丝带。掉进一个超大质量的黑洞并不会立即给你带来危险，因为你只是处于自由落体运动的过程中，并将永远进行下去。只不过对于一个外部观察者来说，你似乎被冻结在了事件视界（event horizon）附近，并在此后的数百万年时间里慢慢蒸发殆尽。

时间旅行者的选择
Options for Time Travellers

　　不是每个人都甘愿冒着被分解为一个个原子的风险，去前往此行的度假目的地的。因此，通过虫洞的方式来实现时间旅行并不适合所有人。如果你想乘坐舒适的飞船回到宇宙形成的时刻，提普勒柱体（Tipler Cylinder）也许是一个不错的选择。这种对相对论的巧妙颠覆，意味着你只需以略低于光速的直线飞行就可以回到过去，而且沿途的景色令人惊叹。

　　几种可能实现时空穿越的路径都会受到光速的限制，所以从时间和空间的任何一点出发，你的运动轨迹可能会覆盖的范围，都可以用天体物理学家所谓的"光锥"来描述——这个东西看上去跟狗戴在脖子上的"伊丽莎白圈"有一点儿像。你只能朝着你"视线"内的方向移动，而这视线通常仅限于指向未来。但如果时空足够弯曲，即使你向前移动，你的光锥最终还是会指向过去。

　　这就是美国天文学家弗兰克·提普勒（Frank

一个巨大的圆柱体在旋转时可能会拖曳时空，并向后转动光锥。

Tipler，1947— ）描述的"提普勒柱体"背后的原理。在他的想象中，这是一段由密度超级大的材料卷成的长长的圆柱体，而且质量是太阳的 10 倍。如此致密的物质在移动时会拖曳周围的空间和时间结构，因此，如果这个圆柱体以每分钟数十亿转的速度旋转，时空就会发生极大的扭曲。一艘沿着正确路线围绕圆柱体行进的宇宙飞船，可以进入一个扭曲的时空区域，在那里它的光锥实际上指向过去，因此它就可以通过向前加速来使自己飞向过去。

包括史蒂芬·霍金（Stephen Hawking，1942—2018）在内的一些反对者曾试图争辩说，提普勒柱体只能用负能量或者无限长的圆柱体制造，但不要因此气馁，提普勒柱体是前往大爆炸旅行的少数几条路线之一，它不需要由奇异物质组成的星系，也不会让你暴露在能把宇宙粉碎的力量之下。

你要携带的东西

你需要一台导航计算机——提普勒柱体时间旅行的关键是制定一条精确的路线。你不想跟一个每秒旋转数亿次的超密圆柱体靠得太近，但是如果你偏离得太远，你的光锥会一直纹丝不动地指向未来。

别忘了带上一本好书——回到大约 140 亿年前的旅行可能需要花费大约 140 亿年的时间。

另外，在这册指南中，请翻阅基础安全守则以避免时间悖论（详见第 140 页）。这对于任何一个冒着违背因果律的风险穿越时空的人来说，都是至关重要的。

选项之一：快子远距离传送
The Tachyon Teleport Option

快子是理论物理学家预言的一种粒子，它的传播速度比光速快，因此能够回到过去。一些物理学家认为快子不可能存在。其中一个理由是，它们有着负的质量，但是由于它们的质量是自身振动能量平方的乘积，这就意味着这种振动能量是科学家眼中所谓的虚数。（通常在数学中，负数乘以负数会得到一个正数，而所谓的负数的平方根这种东西根本就不存在，所以这样的数被描述为虚数。）

另一个反对意见是，快子从来没有被实际观测到过，但是如果它们真的存在，寻找它们的最佳地点可能是在激光器内。

把我传送回去，斯科蒂[1]！

快子存在的可能性为解决回到大爆炸的旅行提供了一种独特的横向思维。与其这样大费周章，不惜耗尽一

1　Scotty，来自电影《星际迷航》中的一个虚构人物。——编注

颗恒星的能量去建造一个虫洞或者一个宇宙圆柱体，来把你的身体传送到过去，为什么不完全避免物理意义上的旅行呢？快子远距离传送将会涉及对你的身体的每一处微小细节进行扫描，以记录每一个原子和分子的信息，然后用一束快子将这些信息传回早期宇宙。超光速传播的快子束穿越 140 亿年回到过去，抵达大爆炸时，它会指示复制器一个原子接一个原子地重新构造你的身体，直到造出一个完全相同的你。走出复制器的人会拥有你的所有个性和记忆，并像你一样思考问题和感受世界。然而，这样的传送确实会带来相当严肃的哲学问题。

情景一：在地球上扫描你的身体需要把你完全分解。当然，一个全新版本的你会在传送器的另一端被构造出来，这个全新版本的你大概会认为"它"自己就是你，但这不就意味着你已经死了，而另一个完全不同的人正在享受着你的假期吗？

情景二：快子传送并不需要摧毁原来的你，它只是在复制你。现在有两个不同版本的你，其中一个正在享受着令人一生难忘的假期，而另一个注定要用剩下的时间来偿还那张你遗留下来的巨额账单。

发现和历史
Discovery & History

我们能体验到的最美的东西就是神秘之事物。它是所有真正的艺术和科学的源泉。

阿尔伯特·爱因斯坦

（Albert Einstein）

事物何以存在？
Why Does Anything Exist?

关于宇宙起源的问题，以及为什么宇宙里会有物质存在而不是一片虚空，是最古老而深刻的哲学探究之一。在过去，这些问题是留给宗教和形而上学主义去讨论的，历史上每一种文化都给出了自己的一个有关创世的神话版本。例如，古埃及人相信，在一片混沌、黑暗的水域中，世界变为一个土墩的样子。斯堪的纳维亚人相信，原始的巨人是在冰元素和火元素相遇时诞生的，而世界产生于他的躯体之上。《圣经》中的叙述提到，"地是空虚混沌，深渊上面一片黑暗"，直到造物主说："要有光。"

与这些传说故事不同，对宇宙起源的科学解释都不是建立在猜测或幻想之上的，不管科学的解释看起来多么奇怪或虚幻。对宇宙起源的科学解释主要是基于数学上的计算，特别是描述物质和相互作用力的方程式。这些都是通过以下的科学方法发现的：先进行观测，再提出假说，然后去验证这些假说。这种方法可以让科学家们描述他们从未去过的时间和地点，反过来又可以让那些勇敢的大爆炸游客满怀信心地去旅行，因为他们知道夸克会在该形成的时候形成，核合成（nucleosynthesis）也会像指南手册上说的那样进行。

所以在我们继续之前，让我们退一步来理解我们是怎样发现宇宙是如何开始的。

宇宙有多大？
How Big is the Universe?

在《银河系漫游指南》中，道格拉斯·亚当斯（Douglas Adams，1952—2001）在描述太空的时候有句名言："大、广大、巨大、令人难以置信的大。"正如他所指出的那样："你或许会认为去往药店的路很长，但那只是宇宙中的沧海一粟。"

事实上，今天我们理所当然地认为太空很大，而宇宙几乎是无穷大的（现代估计可观测宇宙的直径约为 930 亿光年）。但情况并非总是如此。

最初，人们认为宇宙是由地球、月球、太阳和行星组成的，它们都被一个球体包围着，而固定不动的恒星就在这个球体中。很明显，月球是离我们最近的天体，因为它可以从所有其他天体的前面经过。但一般来说，当时哪怕是天文学家，对天体之间的距离也都说不清楚。不过，早在公元前 3 世纪，古希腊人就利用几何学来估计地球、月球和太阳之间的距离。到了公元前 2 世纪，喜帕恰斯（Hipparchus，约公元前 190—前 120）就相当精确地计算出了地球和月球之间的距离为地球半径的 59 倍。现代已测出地球半径为 6,371 千米，按照喜帕恰斯的算法，地月之间的距离为 375,889 千米，与实际距离 384,400 千米相差不大。然而，他严重地低估了地球和太阳之间的距离。直到 1761 年，多支探险队在全球范围内对金星凌日进行了观测，人们才得到了一个更准确的数值。乔瓦尼·卡西尼（Giovanni Cassini，1625—1712）计算的日地距离为 1.4 亿千米，而实际距离大约为 1.5 亿千米。

尽管如此，很明显太阳系的直径至少有数百万千米。伽利略·伽利雷（Galileo Galilei，1564—1642）是最早认识到太阳系的边界一定要进一步拓展的人之一，而且太阳系的范围一定是令人难以置信的巨大。当时人们普遍认为，所有恒星与地球的距离必须相等，并处在太阳系外围的一个壳或球体上。如果有一些恒星比其他恒星距离更远，那么地球上的观测者就会很容易发现，较近的恒星和较远的恒星之间存在一定程度的相对运动。只有当所有恒星都离地球非常远的时候，这种相对运动才不那么明显，而且由于恒星在肉眼和望远镜的观察下都是圆盘状的，而不是光点，所以它们不可能离地球那么远。

伽利略在其 1632 年的《关于托勒密和哥白尼两大世界体系的对话》一书中直接挑战了这些假设。他认为，恒星确实是光点，它们圆盘状的外观只是光穿过透镜（无论是玻璃还是眼角膜）时产生的一种错觉——至于说没有明显的相对运动，那

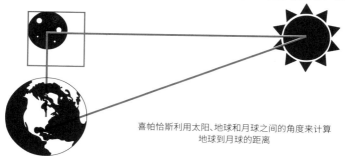

喜帕恰斯利用太阳、地球和月球之间的角度来计算地球到月球的距离

是因为它们确实离我们远得难以想象。伽利略卓越的先见之明由此开启了从相对狭隘的传统世界观中扩大宇宙的进程。

宇宙岛

我们对宇宙尺度概念的又一次重大拓展，来自 18 世纪末和 19 世纪初德国裔英国天文学家威廉·赫歇尔（William Herschel，1738—1822）的工作。这位杰出的人物是一位移民音乐家，没有正式的职位，也没有接受过正式的训练，他通过坚持不懈的努力、艰苦卓绝的工作和出众的才华，成为他

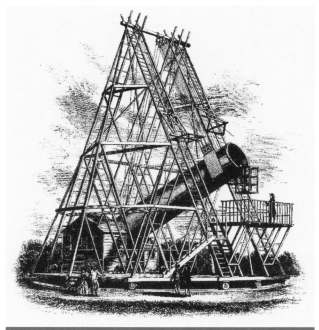

赫歇尔制作过的最著名的望远镜,其焦距长达 40 英尺(约 12 米)

那个时代最优秀的天文学家。在他同样令人敬佩的妹妹卡罗琳·赫歇尔（Caroline Herschel，1750—1848）的协助下，赫歇尔建造了更大、更雄心勃勃的天文望远镜，他对宇宙进行的探索比以往任何人都更远。他对云雾状的天体（因此被称为星云）特别感兴趣，而当时无论怎么增大望远镜的倍率，也无法看清这些天体的细节。赫歇尔认为，这些星云可能是"宇宙岛"，距离我们的银河系（Milky Way）很远。换句话说，这些星云就是其他星系。尽管后来证明，许多这样的天体都是银河系内部的星团，但其中一些确实是遥远的星系。

预测银河系的终结

赫歇尔的发现使他做出了最伟大的猜想。他的观测不仅开辟了一个新的、几乎无限广阔的深空领域，而且也暗示了宇宙演化的历程。他看到了被他认为是恒星"托儿所"的天体，以及可能正在死亡的恒星。更了不起的仍然是，他对星云的"凝聚力"所做出的猜想。他还发现了恒星群内部的天体会"逐渐靠近"的证据。在1814年的一篇论文中，赫歇尔认为星系会表现出某种生命周期。这对我们自己的银河系也有影响，他写道，它"不可能永远存在"，"它过去持续的时间也不能被认为是无限的"。这篇论文最早从科学的角度提到了宇宙的生命故事，有起源，也有终结。赫歇尔所描述的涉及星系的理论，就是现代宇宙学家所称的"大坍缩（Big Crunch）"假说，即引力作用最终会导致所有物质，甚至也许是整个宇宙，坍缩成一个单一的物质团块。这在本质上与大爆炸的过程相反。

宇宙的膨胀
The Expansion of the Universe

如果你正在计划到宇宙诞生之初去旅行，那么想好什么时候去是非常有帮助的。毕竟，如果只是回到 80 亿年前，你会发现那时的宇宙和今天相比并没有什么太大的不同，而你已经莫名其妙地用掉了人类未来一千年的全部能量预算。

然而，如果把时间刻度往回拨得太远，你就会遇到各种各样的存在悖论，因为那时无论是时间还是宇宙都还没有形成。那么我们怎样才知道，我们到底需要追溯到多远以前呢？答案就在太空中——一个很远很远的地方。

多普勒效应

当一辆救护车在街上从你身边疾驰而过时，警笛声会在车辆经过你时发生剧烈的变化：这是由"多普勒效应（Doppler effect）"造成的。多普勒效应以奥地利物理学家克里斯蒂安·多普勒（Christian Doppler，1803—1853）命名，这种效应是因观测者和波源之间存在相对运动，导致观测者接收到的波的频率发生变化。

以救护车为例，相对于你来说，声源是时刻在移动的，当救护车加速驶向你时，从警报器发出的声波就会"堆积"在一起，或者说挤在一起。因此，它们的频率就会升高，声音的音调就会提高。

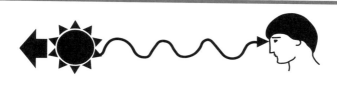

如果恒星远离观测者,波长就会被拉长,产生红移(red shift)效应;反之,就会产生蓝移(blue shift)效应

一旦救护车从你身边驶过, 开始渐渐离开你时, 声波就会被拉长, 频率就会降低, 导致你听到的音调下降。

红移

光波也会产生同样的效应。从正在远离你的光源发出的光波会被拉长, 造成频率降低, 从而将光的颜色移向光谱靠近红色的一端。因此, 这种效应被称为红移。

这一现象可以用来测量光源是否正在远离观测者, 以及远离的速度有多快。早在20世纪20年代, 美国天文学家埃德温·哈勃（Edwin Hubble, 1889—1953）就利用红移效应来测量其他星系的相对速度。1929 年, 他宣布, 几乎所有可观测的其他星系都呈现出红移效应（这意味着它们正在远离我们）, 并且红移的程度, 也就是它们离开我们的速度, 都在随着距离的增加而增加。其他星系离太阳系越远, 它离开我们的速度就越快。

哈勃常数
The Hubble Constant

在观测到星系的红移现象后，哈勃用一个方程描述了我们与远离我们的星系在速度与距离上的关系：

星系远离我们的速度 = 我们和星系之间的距离 × H

严格来讲，"H"应该被称为比例常数，但更广为人知的叫法是哈勃常数。"H"的精确值是宇宙学中最重要和最有争议的问题之一，尤其是因为哈勃的发现所引发的"震惊星系"的联想之一便是，如果所有的星系都正在远离我们（而且很可能是彼此远离），那么它们最初一定是从同一个地方开始的。如果正如哈勃的发现所证明的那样，宇宙正在膨胀，那么将时间往回拨，最终就会使宇宙坍缩到一个起点。那么你需要将时间往回拨多久呢？这完全取决于哈勃常数。例如，如果哈勃常数为 100km/s/Mpc[1]，那么离我们一百万秒差距远的星系将以 100km/s 的速度远离我们。这里我们用到了物理学中最基本的方程之一：时间 = 距离 / 速度。

如果我们用这个方程来计算，我们和另一个星系分开一百万秒差距需要花费多长时间，我们只需要用一百万秒差

1　即千米每秒每百万秒差距，哈勃常数的单位，其中秒差距是一个宇宙距离尺度，一秒差距约为 3.26 光年。——编注

距除以 100km/s，结果大约是 3×10^{17} 秒，或者约为 100 亿年。因此，如果哈勃常数确实是 100km/s/Mpc，那么宇宙的年龄将是 100 亿年。

事实上，哈勃常数最被广泛接受的值约为 70 km/s/Mpc，根据这个数值可计算出宇宙的年龄约为 137 亿年。鉴于现今哈勃常数的估计值已经与哈勃本人当年给出的数值（他估计的值为 500 km/s/Mpc，据此可推算出宇宙的年龄只有 20 亿年，这样的话就产生了一个问题，即宇宙比地球还年轻）相去甚远，并且人们测算的哈勃常数的数值相差太大（既有低至 35 km/s/Mpc 的，也有大于 80 km/s/Mpc 的），那么校准你的时间机器恐怕既是一种理性，也是一种信念。

祝您旅途愉快！

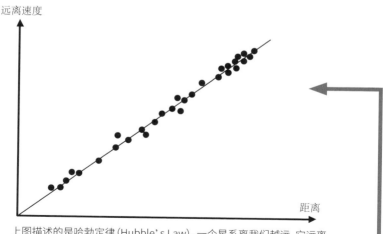

上图描述的是哈勃定律（Hubble's Law）。一个星系离我们越远，它远离我们的速度就越快

引力基础课
Gravity 101

在今天的宇宙中，主宰一切的便是四种基本作用力，即电磁力、强核力、弱核力和引力。当你到访大统一时期时，你会发现情况并不总是这样。为了给参观这个时期和之后的宇宙演化时期做好准备，你首先需要了解一些引力方面的基本知识。是时候去上个引力速成班啦！

伽利略的落体实验

如果你和一架三角钢琴从比萨斜塔上同时掉下来，哪个会先落地呢？因为一架三角钢琴比你重得多，你可能会想当然地认为先落地的是钢琴。从亚里士多德（Aristotle，公元前384—前322）的时代一直到文艺复兴时期，这一直是人们的主流观点。但并非所有人都认可这一观点，意大利自然哲

学家伽利略·伽利雷提出了一个简单的思想实验，巧妙地证明了为什么事实并非如此。

想象一下，一条锁链将伽利略和一架三角钢琴并排拴住，然后一起从比萨斜塔上坠落。按照传统的观点，钢琴的下落速度比伽利略快。这是否意味着拴在钢琴上的伽利略会使钢琴的速度减慢，因为他下落得更慢？或者说，伽利略与钢琴的组合体下落速度更快，因为组合体比二者各自的重量都要重？依据传统的引力理论（即物体越重，下落速度越快），这两个版本必须都是正确的。这就造成了一个明显的悖论。伽利略指出，唯一合理的解释就是无论两个物体的重量有多大差别（在不考虑空气阻力的情况下），它们都必须以相同的速度下落。

牛顿的水桶实验
Newton's Bucket

英国数学家和自然哲学家艾萨克·牛顿（Isaac Newton，1643—1727）在引力研究方面取得了另一项突破。牛顿从伽利略等人的研究工作中知道，物体一旦开始运动，就会继续保持直线运动，直到给它们施加另一个力。因此，像月球这样的巨大物体能够一直围绕着地球转动，而不是沿直线飞入太

因为我们通过绳子给水桶施加了一个力，水桶才不会飞走

空，这就意味着一定有一个强大的引力在对它施加影响。

牛顿是这样来解释这一现象的——他让人们想象一个场景，即把水桶系在绳子上旋转。阻止水桶沿直线飞出的力，是位于中心的人沿绳子施加的将水桶拉向中心的力。如果把月球想象成水桶，把地球想象成转动水桶的人，那么引力就是那根绳子，而引力的大小一定正好等于阻止水桶沿直线飞出所需的力的大小。

偶然看到一个苹果掉到地上，牛顿随即想到，使月球保持在轨道上运转的力一定也同样地作用在苹果上。正如苹果从树上掉落后会被拉向地面，而不是飞向太空一样，月球被拉向地球的力恰好能使它保持在轨道上运转，而不是直接向太空飞去。

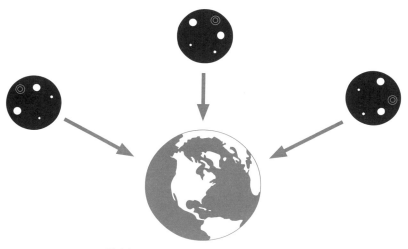

引力把月球拉向地球，以阻止它沿直线飞出

相对论的诞生
The Birth of Relativity

若想让你的宇宙诞生参观之旅有尽可能多的收获，你需要对最令人费解的科学概念有一个基本理解，而且，比相对论更奇怪的理论确实不多。相对论是爱因斯坦提出的描述时间和空间的理论，这一理论是对物理学巨擘伽利略和牛顿所提出的描述宇宙的理论的改良和加强。

爱因斯坦的有轨电车和电梯实验

爱因斯坦第一个发现在多位观察者处于相对运动的特殊情况下，时间和空间是相对的，这就是狭义相对论。

当爱因斯坦乘坐有轨电车驶离钟塔，从后车窗向外看时，一个关键的突破点出现了。他意识到，如果有轨电车以光速行驶，塔上的时钟在他看来就会被冻结住，因为从那时起，他就会跟时钟在那一刻的"画面"保持同步。但与此同时，他手腕上的腕表会像往常一样走时。换句话说，时间将以不同的速度在不同的地方流逝，其快慢由观察者相对于钟塔的运动速度决定。这意味着时间一定是相对的，而不是绝对的。

爱因斯坦想把他的相对论的适用范围推广至整个宇宙，而不仅仅是观察者发生相对运动的特殊情况。在对另一个虚构场景——一个人从屋顶上掉下来——进行了一番探究之后，

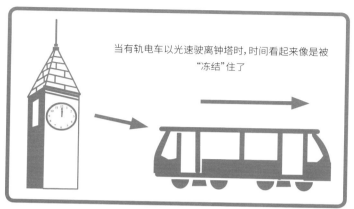

当有轨电车以光速驶离钟塔时,时间看起来像是被"冻结"住了

他最终成功地做到了这一点。爱因斯坦意识到,这个人在下落的过程中将不会感觉到自己的体重,他会觉得自己像是在太空中自由飘浮。如果此时他放开一个物体,那么这个物体相对于他来说就是静止不动的(因为正如我们在伽利略的钢琴思想实验中看到的那样,它会以与他相同的速度下落)。爱因斯坦随即想到,对于下落的人来说,引力场是不存在的。

反之亦然。想象一下,你站在一个没有窗户的盒子里,可以像往常一样感觉到自己的体重。如果你扔了一个球,它会像往常一样掉到地上。你可能会认为自己是在地球上,但事实上,你是在一个以 9.8m/s^2 的加速度运行的太空火箭里。你对自己体重的感觉和球的下落,都是由惯性(inertia)造成的。爱因斯坦意识到,惯性和引力是同一回事,这种等价性意味着引力本质上是一种运动形式。如果引力就是运动,那么正如我们在狭义相对论中所看到的那样,它一定会以与运动相同的方式影响时间和空间。因此,引力让爱因斯坦得以提出广义相对论。

时空的结构
The Fabric of Spacetime

引力和速度一样，会减慢时间和扭曲空间。时间和空间不是绝对独立的，而是同一事物的不同方面，这个事物就是所谓的时空。这是探索早期宇宙时需要掌握的一个关键概念。一个对时空可视化以及探究引力是如何影响时空的很有用的方法，就是把时空想象成一块橡胶膜。如果你把一个保龄球状的巨大物体放在橡胶膜上，它会使橡胶膜变形，太阳这样的巨大物体扭曲空间和时间的效应就跟这个类似。靠近太阳

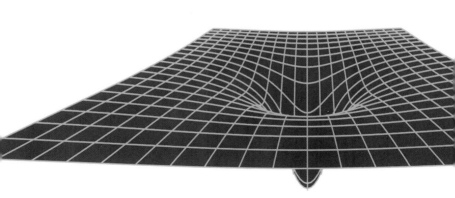

引力阱 (gravity well) 的可视化: 凹陷中的一个重物
正在扭曲时空

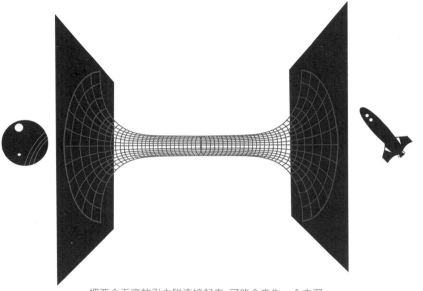

把两个无底的引力阱连接起来，可能会产生一个虫洞

的时候，时间会变慢，三角形的内角和也不再是 180°。

橡胶膜中的凹陷部分有时被用作"引力阱"的图形化描述。如果时空"膜"中的物体足够大且足够致密（例如黑洞），引力阱将会向下无限延伸。如果两个这样的无底的引力阱连接在一起，那么就有可能建造一条时空隧道——这就是虫洞（也就是时间旅行）可能实现的一种方式。

$E = mc^2$

去国外度假时，会说当地的语言可以让你更加充分地享受假期的乐趣。前往早期宇宙进行探索，掌握相应的"外语"也同样重要。你可以学到的最有用的短语之一就是"$E=mc^2$"。

事实上，如果你没有弄明白这个简洁的方程的含义，那么你几乎无法理解宇宙大爆炸。

获得动量

在许多前人的研究基础之上，1905 年，爱因斯坦在一篇具有里程碑意义的论文中，提出了这个著名的方程，这篇论文的题目是《一个物体的惯性是否取决于它所蕴含的能量？》。他意识到，宇宙中的速度是有极限的，其中的一个含义是由光速和动量（momentum）的关系所决定的。一般而言，一个物体的动量指的是这个物体在它运动方向上保持运动的趋势，被量化为该物体的质量和速度（特定方向上的速率）的乘积（即动量 = 质量 × 速度）。所以一个缓慢移动的大质量物体，可以和一个快速移动的小质量物体拥有相同的动量。

物理学表明动量可以无限增加，但我们必须记住，动量 = 质量 × 速度。爱因斯坦知道宇宙万物的速度都不可能超过光速，所以如果想让动量不断增加，那么增加的一定就是运动物体的质量。你通过对物体施加力来给它增加动量，这就意味着给它增加能量。所以，给一个物体增加能量，它的质量就会增加。

把 E 放进 m 里

在方程式中，E 代表能量，m 代表质量，c 代表光速。这个方程式告诉我们能量和质量（即物质）是同一枚硬币的两个面。

物质即是能量，但其形式或状态不同于我们通常所认为的能量。做一个恰当的类比，可以用不同状态的水来思考这个问题。冰和水蒸气看上去是有着很大不同的两种物质，但二者只是水的不同形式。

改变光速的单位有助于我们来解释这个方程的重要特征。速度是用物体每单位时间所移动的距离来衡量的，所以如果我们用光年来表示距离，用年来表示时间的话，那么光速就是 1。

把这个光速代入方程，我们就得到 $E=m \times 1^2$，简化之后就是 $E=m$，也就是能量等于质量。它们其实是完全一样的。使用较为熟悉的单位来表示光速，我们可以看到 c^2 是一个非常巨

质量

质量随着速度的
增加而增加

速度

大的数字。例如，以 km/s 为单位，c 约为 300,000km/s，那么 c^2 的数值约为 900 亿。这反过来告诉我们，即使物体的质量很小也能产生巨大的能量。这就是核能（nuclear power）、核武器以及为太阳提供能量的核聚变（nuclear fusion）的理论基础。

大爆炸里的 $E = mc^2$

物质和能量是可以互相转换的，但是一种状态（物质）在较低的温度和压力下更稳定，而另一种状态（能量）在较高的温度和压力下更稳定。在早期宇宙中，环境条件对能量更为有利，但随着宇宙不断膨胀和冷却，这种情况迅速发生了变化。

然而，在宇宙大爆炸后的最初的几皮秒内，能量和物质处于一个连续的、动态的交换状态，高能光子产生质子和电子等物质，而后者则产生光子。这是一个值得参观的令人兴奋的迷人时刻，所有大爆炸旅行者一定要顺道去参观一下夸克时期（Quark Epoch），以及紧随其后的强子期（Hadron Epoch）。

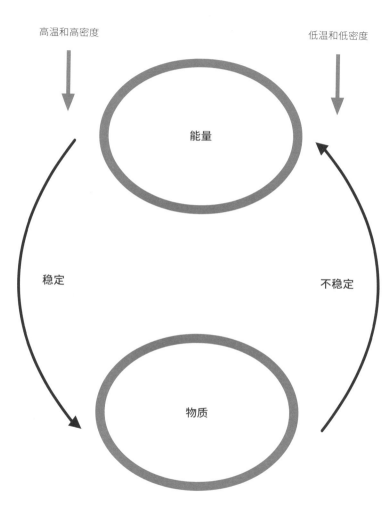

在高温下，能量比物质更稳定

稳恒态 vs 大爆炸
Steady State vs Big Bang

哈勃发现的红移效应使人们普遍接受了宇宙正在膨胀的观点，而且宇宙一定是从一个点，即过去的某个时刻开始膨胀的。但并非所有人都同意这一观点。在 20 世纪 40 年代，英国天文学领军人物弗雷德·霍伊尔（Fred Hoyle，1915—2001）参与研究了恒星和超新星中比氢重的元素是如何形成的，并在这个过程中提出了那句经典名言："我们都是由星尘构成的。"

霍伊尔不认同"宇宙有一个有限的起点"这一观点。正是在 1945 年的一次标志性广播演讲中讨论这个命题时，他创造了"大爆炸"一词，本意是轻蔑地嘲讽这个理论。比起大爆炸，霍伊尔更倾向于支持一种被称为"稳恒态（steady state）"模型的理论，该理论认为，虽然宇宙确实在膨胀，但这是由随着古老星系的消亡，新星系诞生并取代了它们造成的，这一过程被霍伊尔称为"持续创世"。

霍伊尔的宿敌是英国射电天文学家马丁·赖尔（Martin Ryle，1918—1984）。赖尔赞成暴胀模型。为了证明这是正确的，他对宇宙中其他星系的射电源进行了大规模的巡天探测。霍伊尔的持续创世模型预测，射电源（即星系）在时间上应该是均匀分布的，因此在宇宙中也应该是均匀分布的；而暴胀模型预测，大多数射电源（即星系）将是古老而遥远的。霍伊尔利用"剑桥干涉仪"对射电源进行了巡天探测，结果显示大部分射电源确实都是很古老且遥远的。不过，赖尔的方法和分析存在相当大的争议，经过四次修订后，巡天探测的结果才使所有人信服。

这里说的"所有人"是指除了霍伊尔以外。直到1999年，他仍然坚持认为，大爆炸理论是"一个完全没有真实证据的巨大假象"。霍伊尔说："真正有趣的问题是，为什么世人如此愿意相信这个故事。"

假定宇宙正在膨胀……

……"大爆炸"模型下的宇宙将变得越来越大，而且密度越来越小

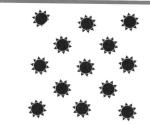

……而"稳恒态"模型下的宇宙将会一直保持相同的密度

银河系的直径大约有 10 万光年

两个星系之间的距离……

宇宙学尺度
Cosmological Scales

早期宇宙可能会让初次到访者迷失方向。如果你习惯了规划驾车到乡下旅行或者计算到另一个大陆的飞行时间，你可能很难理解大爆炸旅行中的宇宙尺度。更令人头晕目眩的是，在宇宙最初的一小段时间里，宇宙尺度发生了惊人的波动。

从普朗克到厘米

在宇宙诞生之初，整个宇宙的大小可以用物理学中所能想到的最短的距离来度量，也就是普朗克长度（Planck length）。这大约是 10^{-35} 米，也是可能存在的最小的尺度。在暴胀期（Inflationary Epoch）的巨大膨胀之后，宇宙最初膨胀到有一个小甜瓜那么大，直径约为 10 厘米。

长途旅行

当物质已经形成，第一批恒星和星系即将诞生时，宇宙已经发展到一个巨大的尺度了。在这个尺度上，距离不是以千米来衡量的，而是由光速以及对于地球上的观测者来说，天空看起来的样子所决定的。

仙女星系的直径大约有 14 万光年

……是 250 万光年

一光年是指光在一年内所传播的距离。由于光在真空中的传播速度极快（大约为 $3 \times 10^5 \mathrm{km/s}$），因此在一年的时间里，光传播的距离大约为 9.5 万亿千米。为什么要用这么大的距离单位呢？考虑到离地球最近的恒星半人马座比邻星（Proxima Centauri），距离地球超过 40 万亿千米，离银河系最近的棒旋星系仙女星系（Andromeda Galaxy），距离地球约为 2.4×10^{19} 千米，那么使用光年来做单位就简单多了：半人马座比邻星和仙女星系到地球的距离分别为 4.25 光年和 250 万光年。

秒差距和百万秒差距

一秒差距（来源于"一角秒的视差"）大约相当于 3.26 光年（即 31 万亿千米）。想象一下，把地球、太阳和待测量的遥远恒星都看作宇宙中的一个点，先画一条直线把太阳和这颗恒星连起来，再画一条直线把地球和这颗恒星连起来，可得出这两条直线之间的夹角。因为秒差距是基于天文学家的原始观测数据得出的，所以它成了天文学和宇宙学里最受欢迎的距离单位。而且对于真正的大尺度来说，特别是在测量到其他星系（通常以百万秒差距来计量）或者非常古老的类星体（quasar）和最遥远的星系（通常以吉秒差距来计量）的距离时，它也是非常有用的。

宇宙微波背景
The Cosmic Microwave Background

　　宇宙微波背景（Cosmic Microwave Background，CMB）为大爆炸旅行者提供了宝贵的指导，因为它是极早期宇宙中唯一可用的地图。事实上，在宇宙微波背景形成之前，甚至一直到大爆炸后大约 40 万年时，宇宙中都还没有出现能被看见的宇宙结构，因为当时宇宙对光是不透明的。

　　在大爆炸后大约 38 万年的某个特定瞬间，宇宙微波背景形成了，它是一幅描绘宇宙热辐射的地图。在这一时期之前，依旧处在"襁褓"之中的宇宙的辐射密度高到使原子无法形成——因为实在是太热了。只要质子和电子一聚集，强烈的辐射就会把它们撕开。所有物质都是以夸克-胶子等离子体（quark-gluon plasma，俗称"夸克汤"）的形式存在的，光子

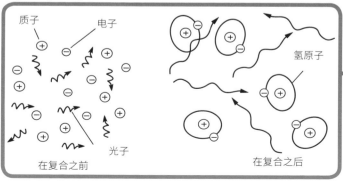

质子　　　　电子

氢原子

光子

在复合之前　　　　在复合之后

宇宙余晖

在大爆炸后 40 万年时，环境辐射相当强烈，且波长非常短。在宇宙持续膨胀的数十亿年期间，辐射的波长被拉长了大约 1,000 倍，只留下了大爆炸的余晖。这就意味着，今天我们观测到的辐射没有 3,000K，而只是比绝对零度高了 3K。大爆炸的余晖在波长为 2 毫米（属于微波范围）的地方最亮，这就是它被称为宇宙微波背景的原因。

在穿过这种等离子体的瞬间就会被粉碎成带电粒子。然而，随着宇宙不断膨胀，辐射密度开始逐渐降低，宇宙变得更冷了。当宇宙的温度降到大约 3,000K 的临界温度以下时，质子和电子就能够结合而不是被撕开，第一批原子就这样形成了。这反过来也意味着宇宙对电磁辐射变得透明了，光就可以被看见了。

现在，我们通过宇宙微波背景的图像可以看到，它是均匀分布的，只是在辐射密度上有非常微小的扰动。宇宙微波背景相当于给宇宙拍了一张快照，记录了宇宙开始变得透明的那个瞬间的辐射分布，并为我们提供了一幅大爆炸后 38 万年时的宇宙密度地图。密度越大的区域所能吸引的物质越多，进而变得更加致密，直至开启了一个失控的过程——发生引力坍缩，形成了第一批恒星和星系。

因此，这张地图为勇敢的时间旅行者提供了一份不可或缺的指南，可以帮助他们了解极早期宇宙的起起落落，并让他们知道哪里发生了热点事件，以及哪些街区在未来将会成为房产热门地带。

地方土特产：夸克汤
Local Produce: Quark Soup

没有品尝过当地美食，你怎么可能对度假目的地有真正的了解呢？地方土特产可以让你体验到纯正的异域文化的味道，因为它是由"风土"的特色成分汇编而成的。

极早期宇宙（一直到大爆炸后大约 10^{-10} 秒）的招牌菜是一种被称为"夸克汤"（只不过以前你接触过的文章可能直译为"夸克–胶子等离子体"）的美味。

完美的液体

夸克汤是一种由自由的夸克和胶子组成的超致密、超高温的物质，它们被粉碎成一种完美的液体，并由诸如暗物质

把暗物质加进来调味

你应该注意到了，除了夸克和胶子，夸克汤还含有更多的东西。在这锅汤中加入一些大爆炸产生的其他粒子，也是一种不错的调味方式，包括令人难以捉摸和令人费解的暗物质粒子，以及光子、电子和所有这些粒子的反物质（antimatter）粒子［比如正电子和反夸克（antiquark）］。

（dark matter）和正电子等奇异粒子进行调味。

　　夸克是一种基本粒子，也是构成普通物质的最小单元。夸克之间通过一种叫作胶子的粒子牢牢结合在一起，三个夸克可以构成一个质子或一个中子（它们是构成原子核的亚原子粒子）。虽然早期宇宙的直径不到几千米，但它的温度是如此之高（超过 10^{16}K），以至于质子和中子都无法形成，因为巨大的能量随时会将它们粉碎。物质以夸克汤的形式存在，且物质可以转化成能量（以光子的形式），能量也可以转化成物质，这是一个动态的转化过程。

　　通常物理学家将等离子体描述成一种气体，但是在粒子对撞机实验中，重金属离子以接近光速的速度相撞，结果表明夸克-胶子等离子体就像一种"完美的液体"，这就是"夸克汤"这个名字的灵感来源。

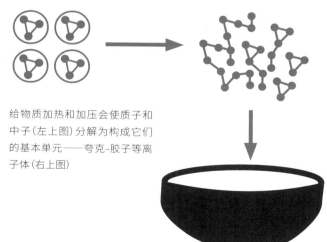

给物质加热和加压会使质子和中子（左上图）分解为构成它们的基本单元——夸克-胶子等离子体（右上图）

暗能量和暗物质
Dark Energy and Dark Matter

早期宇宙中最普遍存在的产物可能也是人们所知最少、最难发现的。到目前为止，你所能看到的物质和能量只占整个宇宙物质和能量总量的 5%。

宇宙微波辐射和新诞生的星系，夸克-胶子等离子体和电子-正电子湮灭，所有这些壮观的现象都只是宇宙极小的一部分。其余部分是看不见的，也无法探测到——那么我们是怎么知道它们就在那里的呢？

缺失的拼板

引力是宇宙伟大的组织原则，它主宰着恒星系统、星系和星系团的运动和形式。

然而，当天文学家观测我们的星系和其他星系时，发现有些事情是讲不通的。处于旋涡星系外侧的恒星，本来应该比处于中心位置的恒星的移动速度更慢，但根据我们对可见物质的观测，实际上它们的移动速度差不多是一样的。

这就意味着星系的外围一定存在大量的物质，就像是光晕一样围绕着星系。但不论是什么物质，它似乎不与电磁力或者普通物质［物理学家称之为重子物质（baryonic matter）］发生相互作用，因此天文学家无法探测到它们——这就是"暗物质"这个名字的由来。同样地，星系团的运动形式也只能用存在一些可以对其施加引力影响的不可见物质来解释。

大进击

哈勃对遥远星系红移效应的观测揭示了宇宙正在膨胀，并由此引出了宇宙暴胀理论。引力的影响应该会使膨胀速度变慢，但令天文学家惊讶的是，宇宙实际上正在加速膨胀。

一定有某种神秘的力量在给宇宙膨胀加速，而且这种力量似乎正在变得越来越强。有一种假说认为，宇宙真空中的量子涨落产生了一种排斥力，但由于没有人知道它是什么，科学家们就把它称之为"暗能量（dark energy）"。

也许这些黑暗的东西最不寻常的特征就是它们的数量。为了解释星系的旋转速度和宇宙的加速膨胀，我们估计宇宙中大约 68% 是暗能量，27% 是暗物质，只有 5% 是我们可以观测和了解的东西。

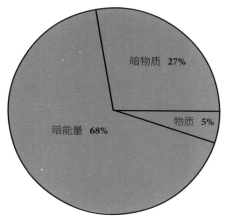

轻元素
Light Elements

从我们的银河系到麦哲伦云，从仙女星系到鹰状星云，宇宙烹饪中最受欢迎和最常见的原料是两种最轻的元素：氢元素和氦元素。

事实上，氢元素大约占普通物质的75%（按质量计算），而氦元素几乎占剩余部分的全部。所有其他元素，包括构成我们身体的碳元素、氮元素和氧元素，以及构成地球岩质星体的硅元素和金属元素，所占的比例加在一起都不到1%。

为什么会有如此之多的氢元素和氦元素呢？造访大爆炸——更确切地说，是核合成时期（Nucleosynthesis Era），即大约在大爆炸后三分钟时，你就会得到答案，以及一个给最新鲜的轻元素取样的机会。鉴赏家们还想寻找一些更为奇特的原始元素，包括氚核（氢的放射性同位素）和铍-7〔铍（beryllium）的放射性同位素〕。

原子的填充物

我们先来快速复习一下原子物理学的基础知识。原子是由原子核以及围绕在原子核周围的电子构成的，而原子核又是由质子与中子构成的。

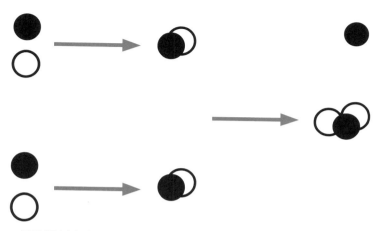

质子(黑色)和中子(白色)结合,首先生成氘核,然后两个氘核结合,生成一个氦核和一个游离的质子

原子核中质子的数量决定了原子属于哪种元素,而中子的数量可以不同,从而生成该元素不同的同位素。例如,锂(lithium)原子核有三个质子。大多数锂原子核也有三个中子,生成的同位素是锂-6,但有些锂原子核有四个中子,生成的同位素是锂-7。

烹调原子核

大约在大爆炸最初三分钟之内,宇宙实在是太热了,使得质子和中子无法聚集起来生成原子核——事实上,质子和中子本身大约在大爆炸后 10^{-6} 秒才存在。三分钟后,宇宙冷却到"只有"10亿℃,质子和中子开始聚集起来生成原子核——因此这个过程被称为核合成。当一个质子和一个中子聚集在一起时,它们就生成了一个氘核。氘核是氢元素的一种较"重"

的形式。当一个氘核捕获一个中子时，它们就生成了一个氚核，这是氢元素的一种更重的形式。而在一个氚核中再加入一个质子和一个中子后，它们就生成了氦元素。

成比例的原料

宇宙中可以生成多少氦元素取决于中子和质子的相对丰

核合成的配方

1. 一个质子和一个电子发生反应，得到一个中子；

2. 继续上一步，直到原料的比例为大约每七个质子对应一个中子；

3. 将上述混合物冷却到大约 10 亿℃；

4. 一个质子和一个中子发生反应，得到一个氘核；

5. 一个氘核和一个质子发生反应，得到一个氦-3；

6. 一个氦-3 和一个氘核发生反应，得到一个氦-4 和一个游离的质子——丢弃这个质子；

7. 让宇宙继续膨胀大约 17 分钟，或者直到没有任何游离的中子；

现在应该是大约每个氦-4 对应 12 个质子。

度。当大约每七个质子对应一个中子时，宇宙第一秒的中子合成就停止了。

一旦所有可用的中子都被困在氦-4中，这就意味着大约每12个游离的质子对应一个氦-4。质子本身就是氢-1，氦-4的质量是氢-1的四倍，所以宇宙中氢与氦的质量比最终应该为 3 ∶ 1。今天人们观测到的宇宙中的氦-4 的质量丰度约为25%，这一事实是大爆炸理论最有力的证据之一。

特殊调味品

此时的宇宙太冷了，不足以生成原子核比氦-4更大的较重元素——它们必须等到恒星形成（Star Formation），并开始坍缩，直至超新星爆发的时候才会出现。然而，也有少数例外。微量的氘核在核合成时期幸存下来，而没有被并入氦原子核，因此今天原初氘核约占物质总量的0.01%。在这个时期，偶尔会形成由三个质子（锂元素）甚至四个质子（铍元素）构成的原子核。

对大爆炸旅行者来说，发现核合成时期生成的铍-7是一种罕见的待遇，因为这种铍的同位素的半衰期只有53天，所以在大爆炸后不久，它就全部衰变为锂-7了。同样地，品味独特的鉴赏家们也会热衷于寻找原初氚核（含有两个中子的氢的同位素）；氚核的半衰期为12.43年，所以在大爆炸后的十五年内，所有原初氚核也都消失了。

必做之事：一场亚原子粒子的旅行
Things to Do: The Subatomic Particle Safari

借助这本简易的漫游指南，去看看那些奇异的、难得一见的亚原子粒子吧！记住，早期宇宙是宇宙历史上仅有的几个可以在公开场合看到这些粒子的时期之一。因为在我们今天的宇宙中，这些粒子通常都被禁闭在原子核内或与其他粒子结合。请核对一下你找到的那些粒子，看看能不能凑齐一整套（详见下表）。

夸克	它是构成物质的基本单元。夸克有六种"味"，分别是上、下、奇、粲、顶及底
快子	它是一种奇异粒子，总是以超光速在运动
W 玻色子和 Z 玻色子	它们负责传递弱核力

胶子	如今，人们从未在中子和质子之外看到过它，但是在早期宇宙中，它可以自由地在大尺度内运动——它负责传递强核力
重子	重子（baryon）有 120 种不同的类型，其中包括质子和中子，以及奇异重子（Λ 和 Ω）
引力子	引力子（gravitron）是理论上假设存在的一种传递引力的基本粒子
标量中微子	根据超对称理论的预测，标量中微子（sneutrino）是与中微子相对应的超对称粒子
反质子	在夸克时期之前，反物质是很常见的——每一种粒子都有与其相对应的反粒子。反质子（antiproton）是由反夸克构成的
希格斯玻色子	希格斯玻色子（Higgs boson）是最新发现的一种基本粒子，出现在电弱时期（Electroweak Epoch）

改变宇宙的命运
Change the Fate of the Universe

我们是如何从早期宇宙的夸克汤演化成现在这个拥有恒星、元素周期表，以及构成生命的所有基础成分的宇宙的？

打一个比方，一位厨师用一碗鸡蛋和一勺糖做了一块美味松软、完美蓬起的蛋奶酥——这是怎么做到的呢？

如果把早期宇宙当作一个烤箱，那么它一定得设置得非常精确，才能做出如此美味的蛋奶酥——如果设置出错了，这个蛋奶酥就会塌掉，最终留下一个无聊的、死气沉沉的宇宙。

这些设置里包括很多基本常数，即世间万物中关键因素之间的关系，比如说不同味的夸克的质量，或者控制氢聚变成氦时的强核力的强度。如果这些常数没有在大爆炸的关键时期被设置好，整个宇宙的命运将会被彻底改写。不相信吗？那你可以试一试。你可以利用这趟早期宇宙之旅来对几个关键的物理常数进行轻微的调整，看看接下来的宇宙历史会如何演化。这里有三个常量你可能想要调整一下。

微调夸克的质量

背景：在强子期，夸克汤已经冷却到足以让夸克聚集并生成质子和中子〔两种不同的强子（hadron）〕。质子是由两个相对轻一点的上夸克和一个较重一点的下夸克构成的，而中子是由两个下夸克和一个上夸克构成的，比质子稍微重一些，因此稳定性略微弱一些。这对物质的命运产生了深远的影响——最终，质子主宰了宇宙中的物质。

试一试：在电弱时期介入，改变希格斯玻色子（它能使其他粒子获得质量）的分布，让下夸克的质量略微增大一点。

后果：质量更大的下夸克将使质子变得更重，而这反过来又使质子变得更不稳定。一个被叫作"△++"的强子——由三个较轻的上夸克组成——从此主宰了宇宙中的物质。但关键的是，上夸克的电荷是下夸克的两倍，所以△++强子的电荷是质子的两倍。这种强子将具有惰性气体氦气的化学性质，而不会形成高度活泼的氢气。这样，任何复杂的有机碳氢化合物都不可能形成，这个宇宙最终也将会变得毫无生气。

微调氘核聚变的效率

背景：强核力使夸克和胶子聚在一起，形成质子和中子。它的强度反过来决定了核聚变的效率，即当氘核发生核聚变反应生成氦时，多少物质会被转化成能量（这在核合成时期时有发生，但并不多）。在我们的宇宙中，氘核聚变的效率正好是 0.7%，也就是说，两个氘核有 0.7% 的质量被转化成了能量。

试一试：先把强核力的强度调高……然后再调低！

后果：改变强核力的强度会改变氘核聚变的效率。如果把这个效率改成 0.6%，氢就不会生成氘核，这就意味着不会生成氦，整个物质宇宙就只能由氢组成（真是无聊）。然而，如果把这个效率调高到 0.8%，氘核聚变的速度就会大幅提升，以致所有氢都会在大爆炸后的短短几分钟内聚变成惰性气体氦气（这就更无聊了）。不管发生哪种情况，最后保准会鼓捣出来一个无聊至极的宇宙。

微调引力的强度

背景：我们目前的宇宙之所以这么有趣，是因为引力足够强大，可以使物质聚集在一起，形成恒星和星系，但又不会强大到引起宇宙坍缩，发生"大坍缩"。

试一试：造访大统一时期，在引力和其他基本力分离的时候乱调一番。试试把它调大或者调小 100 倍。

后果：如果引力太弱，物质就不会在自身引力的作用下发生坍缩，也就没有足够的压力来启动核聚变，恒星也就永远不会被点亮。如果引力太强，恒星很快就会燃烧殆尽，星系在真正开始演化之前就会崩溃，宇宙的生命将是凶险、残忍而又短暂的。

科学健康警告

千万不要在家里尝试这个！另外请注意，以上详细讲述的几个微操作均源自一种极具争议的关于宇宙的主张，即所谓的"微调的宇宙"理论。然而，许多物理学家并不赞同这一理论。

为什么不暴增点什么东西
出来呢？
Why Not Blow Stuff Up?

也许大爆炸最令人激动的时期就是暴胀期，在这一时期，尚在"襁褓"之中的宇宙的尺度可以在不到一秒的时间内急剧增大。作为一名大爆炸旅行者，暴胀期给你提供了一个绝佳的机会，去把某些东西突然暴增一下——从某种意义上来说，把它膨胀到无比巨大。那么，你想把什么东西的大小突然增大 10^{26} 倍呢？

披萨：你的披萨饼总是不够吃吗？你总是在抢最后一块吗？多亏了宇宙暴胀，你从未来进口的披萨饼比此时的一个星系还要大！

金钱：这趟大爆炸之旅已经花光了你的积蓄吗？想让虫洞一直保持打开状态的话，你需要购买大量负物质，真的是成本高企呀！这还不包括旅行社暗中给你加上的其他花费（当你到温度超过 10 亿℃的时期旅行时，旅行保险可能会昂贵得令人望而却步）。谁会不想带上一枚金币或一根金条，然后亲眼看着它增长 100 亿亿亿倍呢？

能量：如果不介意掺杂一些悖论的话，你可以把能源进口到暴胀期，然后用做能源生意赚到的钱为时间旅行预算设立一项基金，好让自己有足够的钱买回程票。你不妨带上可充电电池，这样回家的时候就有足够的能量了。

最佳参观时机
Periods to Visit

万亩绿荫的诞生，始于一颗小小橡子。

拉尔夫·瓦尔多·爱默生
（Ralph Waldo Emerson）

在这场两皮秒的旅程中，你能做些什么？
What To Do on a Two Picosecond Visit？

在早期宇宙中，重要的不是你去哪里，而是什么时候去。那么，如果你真的很赶时间，你应该如何安排行程呢？在辐射期（Radiation Era）末期，难道你挤不出 40 万年的空闲时间吗？难道你也拿不出三分钟时间来见证核合成和第一批元素的形成吗？不要绝望！在大爆炸后最初的两皮秒内，还是有很多东西可以看的。以下列表给出了大爆炸之旅必去的几处景点——请阅读以下内容，以获取每个时期的更多信息。

普朗克期（Planck Epoch）：宇宙大爆炸之后可能存在的最短时间。这是一个超级大派对，这时候所有基本力统一在一起，成为一个大而巧妙的整体。

大统一时期：观察引力从其他力中分离出来，并发现夸克汤的配方。

夸克时期：当宇宙逐渐冷却至"温暖"的 10^{15}K 时，你刚好赶上夸克时期的诞生。

电弱时期：在时空诞生之后的第一皮秒剩下的时间里享受一次奇异粒子之旅吧。

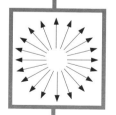

暴胀期：请小心！因为在仅仅几个十亿分之一幺秒的时间内，宇宙将膨胀 10^{26} 倍。不过别担心，这时宇宙的直径大约为 10 厘米，四处转转并不是什么难事。

奇点
The Singularity

在任何一位大爆炸旅行者的心中，最重要的还是那个宇宙终极问题：时空存在之前是什么？如果你回到过去，来到了大爆炸发生之前的那一瞬间，宇宙又是什么样子的呢？

我们对这个问题几乎不可能给出任何有意义的回答。一方面，因为时间和空间是从大爆炸开始的，所以在大爆炸之前根本就没有"那里"和"以前"。另一方面，不幸的是，当物质、能量密度以及时空曲率向无限增加时，我们无法用数学和物理学工具来试图描述宇宙发生了什么，因为一遇到这种情况，这两种工具就会崩溃。

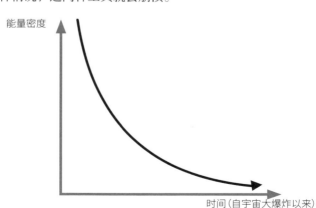

时期简介

时间：不适用

亮点：无

气候：不适用

警告：前往大爆炸奇点的旅行有着极高的存在危机风险：如果时间和空间不存在，你又怎么观察它们呢？你又怎么会存在呢？！

　　当宇宙学家们试图描述黑洞内部的秘密时，他们意识到，在黑洞的中心，质量和能量会被挤压到一个密度无穷大的点上，这个点被称为奇点。相似地，当他们画出早期宇宙的能量密度图时，他们发现能量密度会随着时间轴的反方向以指数级增长，最终使能量密度趋于无穷大。这表明大爆炸的确是从一个奇点开始的。

　　黑洞中心的奇点被一个叫作"事件视界"的禁区所保护，而无法被外部观察者看到；但是，大爆炸的奇点没有这样的禁区，因此也被称为裸奇点。为了将这样的一个点具象化，请把时空想象成一张折成圆锥形的纸。在时空中穿梭就好比在这个圆锥体的表面上画线。通常情况下，你可以不断地画下去而不用让笔尖离开纸面，但如果你画到了圆锥的顶点呢？那么你就无处可去了。大爆炸的奇点就好比这个圆锥体的顶点。

普朗克期
The Planck Epoch

请回到一切开始的地方——去普朗克期参观一下吧。从好的一面来说，这个时期的宇宙很小，步行到周围逛逛是一件极其容易的事，在很短的时间内你就能看完所有景点。从不好的一面来说，这个时期的温度高达 1.4×10^{32} K，所以请确保你预订的房间装有空调！

没有比这更小的了

作为时间和空间的开端，普朗克期提供了理论上存在的最小的长度和时间单位。普朗克单位，以德国物理学家及量子物理学（quantum physics）先驱马克斯·普朗克（Max Planck，1858—1947）来命名，在这个尺度下，现有的物理学理论（量子理论和相对论）框架都会失效。描述比这更小的尺度是没有意义的，因为用更小的单位所划分出的点之间将

时期简介

时间：从大爆炸开始至大爆炸之后 10^{-43} 秒

亮点：四种基本力的统一；普朗克尺度

气候：理论上的最高温度为 1.4×10^{32} K

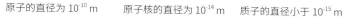

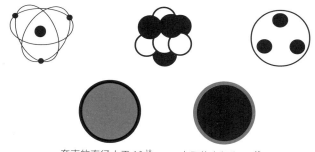

原子的直径为 10^{-10} m   原子核的直径为 10^{-14} m   质子的直径小于 10^{-15} m

夸克的直径小于 10^{-18} m   电子的直径为 10^{-15} m

不再有任何物理上的差异。

　　普朗克长度和普朗克时间（Planck time）代表了我们所能知道的极限——比这更小的距离或时间将是不可想象、不可描述的。为了讲明白这时的宇宙究竟有多小，我们不妨举个例子：一个氢原子（最小的原子）的直径大概是 10^{25} 个普朗克长度，那么普朗克期的宇宙和当今宇宙中最小的粒子——电子（直径比普朗克长度大 10^{20} 倍）——在尺度上的差异，就相当于一根头发和一个巨大星系之间的差异。

我们在一起

　　不幸的是，这意味着在普朗克期你无法看到任何风景，尤其是因为此时宇宙只有纯能量，并且全部四种基本力（引力、电磁力、强核力、弱核力）都统一为一个完美而对称的力。

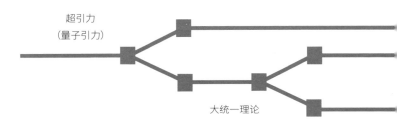

超引力
（量子引力）

大统一理论

大统一时期
The Grand Unification Epoch

观察引力从其他基本力中分离出来！见证暗物质和暗能量的诞生！趁现在，捕获 X 玻色子和 Y 玻色子！所有这一切都是大统一时期提供的！这个时期得名于三种基本力（电磁力、强核力以及弱核力）的统一，物理学家用"大统一理论（Grand Unified Theory）"来描述它们的合并。但实际上，这个时期所发生的最引人注目的事件其实是一次分离。在这次分离中，普朗克期特有的力和场的完美对称性被破坏了，引力从其他基本力中分离了出来。

时期简介
时间：从大爆炸之后 10^{-43} 秒至 10^{-36} 秒
亮点：引力从统一的基本力中分离出来；暗物质和暗能量的出现；X 玻色子和 Y 玻色子
气候：温度降至 10^{27}K

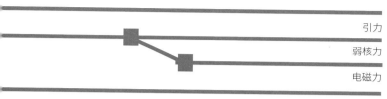

引力

弱核力

电磁力

强核力

暗物质的诞生

在极短的一个瞬间，处于"襁褓"之中的宇宙就从普朗克长度膨胀了好几个数量级，但仍然比夸克直径小几百倍。对物理学家来说，在这极小的时间跨度内究竟发生了什么事情，还只是猜测，因为我们目前还没有足够强大的粒子对撞机来模拟重现如此极端的条件。

大爆炸旅行者因此有机会做一些真正的科学探索。你可以检验的理论包括暗物质和暗能量同时在这个时期出现的可能性，以及仍旧统一在一起的电核力（electronuclear force）是否是由电核玻色子（一种传递力的粒子，即 X 玻色子和 Y 玻色子）传递的。

由于统一的电核力几乎是在一瞬间就被分离成了不同的力，这些玻色子便飞快地消失了，就和它们出现的时候一样快。这使它们成了粒子动物园中最稀有的物种。对于最执着的粒子观测者来说，找到它们是真正的享受。

暴胀期
The Inflationary Epoch

也许创世史上最伟大的表演是在宇宙只有 10^{-36} 秒那么大（年龄）的时候发生的。那是一场令人难以置信的、巨大的超级膨胀：在 10^{-36} 秒之内，也就是万亿分之一的万亿分之一的万亿分之一秒的时间，宇宙的线性尺寸增大了 78 个数量级。这使我们目前所知的宇宙成为可能，但也使我们无法触及宇宙中那片未知的、几乎无限的部分——不可观测宇宙。去参

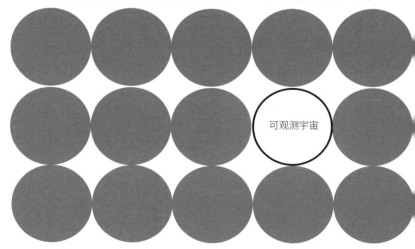

可观测宇宙

如果其他的泡沫宇宙存在，那么我们将无法从现在这个宇宙中接近或观察到它们

观一下暴胀期吧，请抓住你最后的机会去看一看宇宙的绝大部分是什么样的。

完全相斥

现在宇宙学家们非常确定宇宙曾经发生过暴胀，因为这可以解释很多关于现今宇宙的问题，包括宇宙微波背景的同质均匀性和时空的平坦性。

然而，当谈及宇宙为什么发生暴胀时，我们就会往"奇异"上面去猜想。一种说法是，由于新生宇宙的能量密度极高，引力（刚刚与其他基本力分离）则表现为一种斥力，此时宇宙的状态有时也被称作"假真空"。

泡沫宇宙

这种假真空力作用于量子涨落——时空中极其微小的褶皱，使它们以惊人的速度膨胀，大小每 10^{-34} 秒就翻一番。尽管暴胀期可能只持续了 1.5×10^{-32} 秒，但这足以让一个比夸克还小的量子涨落膨胀成直径约 10 厘米的球体——我们现在这个独特的"泡沫宇宙"就是这样诞生的。

时期简介

时间：从大爆炸之后 10^{-36} 秒至 10^{-32} 秒

亮点：宇宙暴胀，泡沫宇宙

气候：温度为 10^{25}K

再看最后一眼

请注意，这种量子涨落可能发生过无数次，而我们的泡沫宇宙只是从其中一次量子涨落中产生的。因为膨胀发生的速度远远大于光速（这并不违反任何速度限制，因为膨胀的是时间和空间本身，而不是时空中的粒子），这意味着所有其他泡沫宇宙，以及除了我们所在的这个宇宙之外的所有新生宇宙的其他部分，都永远无法被我们观测到。我们的泡沫宇宙和其他宇宙之间相隔的距离是如此之远，分开的速度又是如此之快，以至于从那里发出的无线电信号永远无法到达我们这里。这就是宇宙学家们所说的可观测宇宙的"边界"。这也意味着大爆炸旅行者将有独一无二的机会，可以看到大量的其他泡沫宇宙。

电弱时期
The Electroweak Epoch

当强核力决定打破束缚，跟电磁力与弱核力分开时，你可以遇到物质最初的表现形态。记得亲自品尝一下早期宇宙中最著名的菜肴：夸克汤。更多精彩，尽在电弱时期。

随着宇宙不断膨胀，它的能量密度和温度都降低了，此时四种基本力中最强大的强核力就可以大显身手了。

大统一时期结束了，只剩下电磁力与弱核力，它们结合为电弱力，这个时期便以此命名。

汤做好了！

在暴胀期之后，当斥力崩溃，即假真空衰变时，宇宙释放出大量的势能，产生了温度极高且密度极高的夸克-胶子等离子体，即夸克汤。

时期简介

时间：从大爆炸之后 10^{-36} 秒至 10^{-12} 秒

亮点：电弱力，夸克汤，W 玻色子和 Z 玻色子，希格斯玻色子

气候：温度下降到 10^{16}K

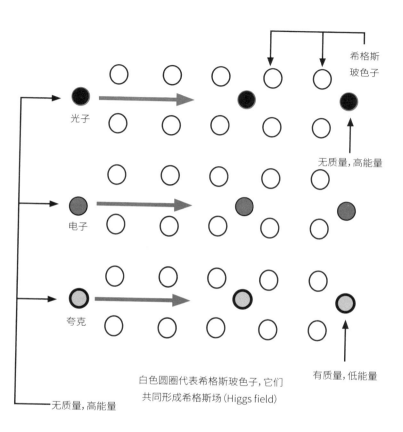

希格斯
玻色子

光子

无质量, 高能量

电子

夸克

白色圆圈代表希格斯玻色子, 它们
共同形成希格斯场 (Higgs field)

有质量, 低能量

无质量, 高能量

　　夸克汤中的高能粒子相互作用, 产生了一些奇异粒子, 比如 W 玻色子和 Z 玻色子 (负责传递弱核力的基本粒子) 和希格斯玻色子 (它是希格斯场的微小振动, 使其他基本粒子获得质量)。这是早期宇宙演化的一个关键时刻——真正的物质开始形成。

反物质战争
The Antimatter Wars

在宇宙演化的下一个阶段，物质才是最重要的。物质和反物质将决一死战，去看看坚持到最后的夸克究竟是哪一个。造访夸克时期、强子期和轻子期（Lepton Epoch），你将亲眼见证宇宙史上最伟大的战争。

剧透预警：物质赢得了最终的胜利！

当夸克遇上反夸克

当宇宙膨胀到 120 亿千米（跟我们太阳系的直径非常接近），并冷却到 10^{16}K 时，更多的夸克得以形成，浓缩为"一锅夸克汤"。在这锅夸克汤里还有大量的电子和中微子，以及与它们相互转换的光子。然而，几乎每一个物质粒子，都有

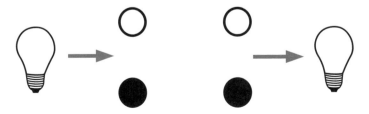

在早期宇宙中，光子会转换为正反粒子对，正反粒子对湮灭后又会产生光子，从而逆转这一过程

一个与其大小相等但性质相反的反物质粒子，且两者不能共存。当一个夸克遇到一个反夸克时，它们就会发生湮灭，并重新转换为高能光子。

对我们来说幸运的是，物质和反物质并不是势均力敌的一对。每十亿个反夸克就有十亿零一个正夸克与之对应，因此宇宙中游离的夸克开始激增，而反夸克则消失了。这使夸克时期成为粒子观察者们又一个最爱去参观的景点，他们热衷于在此寻找那些可能已灭绝了的奇异粒子。

重子合成

这种模式在接下来的强子和轻子两个时期中重复进行。在正反夸克对相互湮灭了大约百万分之一秒后，宇宙冷却到了大约 10^{13}K，这足以让强核力压制住夸克的动能，并将它们三三两两地[1]束缚在一起，形成一种更大的粒子，即强子。强子是由夸克组成的复合粒子，包括重子（构成原子核的亚原子粒子，如质子和中子）和介子（meson）。

这个过程同样适用于反夸克，它们聚集在一起形成了反强子（antihadron）。然后正反强子对相互湮灭，只有很少一部分强子得以幸存下来。这一过程最终为宇宙提供了大量的粒子，如质子。因为这些粒子是重子，所以这个过程被称为重子合成（baryogenesis）。

到了强子期的末期，宇宙的温度已经降低到了不允许夸

1　重子由三个夸克组成，介子由一个夸克和一个反夸克组成，它们都是强子。——译注

原初物质

原初反物质

100,000,000,001

100,000,000,000

在这个时期,物质的数量略多于反物质

克继续游离的地步。因此,建议大爆炸旅行者趁夸克还没有被胶子束缚住并被永远囚禁在强子内之前,好好给它们拍张照片。

轻子创生

在宇宙诞生一秒钟后,温度已经下降到了大约 100 亿开尔文,几乎所有在这之前占据主导地位的强子和反强子都相互湮灭了。现在,宇宙中大部分的物质都是由较轻的粒子"轻子(lepton)"构成的,包括电子及其反物质——正电子。在

时期简介

时间:在大爆炸之后 10^{-12} 秒至 10 秒

亮点:反物质,重子合成,轻子创生,还有中微子

气候:温度为 10^9K 至 10^{16}K

自由自在

夸克时期和强子期的另一个组成部分是中微子——一种轻子，亚原子粒子之间的各种弱相互作用都会产生中微子。由于中微子是电中性的（不带电荷），而且其质量即使相比于其他亚原子粒子也是非常微小的，因此它们不受强核力与电磁力的影响。这意味着它们可以像"幽灵"一样穿过其他形态的物质，而几乎不与之发生相互作用。

在强子期，宇宙仍然处于温度极高、密度极大的状态，这足以使中微子与其他粒子发生相互作用。然而，一旦宇宙的温度降至 10^{10}K 以下，它们就会与其他形态的物质"脱钩"，进入幽灵般的存在状态。它们就像是粒子中的"漂泊的荷兰人"，以接近光速的速度在宇宙间滑行，几乎不留下任何痕迹。

10 秒之内，轻子和反轻子（antilepton）成对产生，然后相互湮灭转换成光子，后又重新出现。但在这个时期结束时，宇宙的温度下降至 10 亿开尔文，这种相互转换也就停止了。

与强子一样，轻子比反轻子多出了一点点。在轻子创生的过程中，最后一点反物质消失了，只留下了轻子和强子。更具体地说，现在宇宙中质子和电子的数量大致相当，而它们正是构成原子的基础部分。

光子时期
The Photon Epoch

作为家庭度假的完美选项，光子时期（Photon Epoch）的到来预示着先前几个时期的疯狂节奏逐渐趋于平静。不过，这个时期仍然有着不少令人激动的活动，包括核合成、康普顿散射（Compton scattering，详见第 82 页），以及各种各样的菜肴，比如氢-氦等离子体和重子-光子流体。

辐射主宰一切

在物质与反物质的战争中，绝大多数的强子和轻子（大

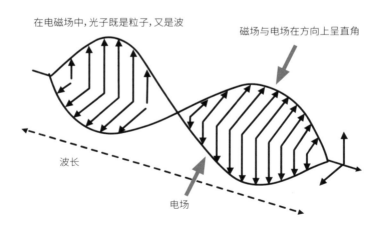

在电磁场中,光子既是粒子,又是波

磁场与电场在方向上呈直角

波长

电场

约 99.9999999%）都已经湮灭了，因此，在宇宙诞生十秒时，光子（质量为零，负责传递电磁力）的数量以十亿比一的绝对优势超过了重子（较重的强子，比如质子和中子）。此时宇宙的能量由光子的辐射主导，所以这个特殊时期也被叫作辐射主导期（Radiation Dominated Era）。

核合成时期

光子时期最有趣的部分就是在大爆炸之后第三分钟至第二十分钟这段时间。此时宇宙已经冷却到了十亿开尔文——这个温度低到足以使重子（质子和中子）结合在一起，即发生核聚变反应。核聚变合成了氦、锂等元素的原子核，以及氘、氚等氢的同位素。因此这一时期被称为核合成时期。然而，只有当质子以足够高的能量撞击在一起，以克服带正电荷粒子的静电斥力时，它们之间的核聚变反应才会发生。大约二十分钟之后，宇宙进一步冷却，核聚变的窗口也随之关闭了。

光芒褪去

参观光子时期的大爆炸旅行者可能会被一个宇宙级的反讽场景所震撼：光子主宰着宇宙，但你实际上看不见任何光亮。

虽然此时宇宙的温度或许已经冷却到足以形成原子核，但对于原子核来说，宇宙仍然太热了，使其无法捕获电子，以形成规则的、不带电荷的原子。相反，宇宙中充满了温度和密度仍旧很高（相对来说）的等离子体［一团带电粒子，包括质子（即氢原子核）、氦原子核和自由电子］。光子与等离子体的结合被称为重子-光子流体。在这种流体中，光子与带电粒子相撞，失去部分能量后从另一个方向飞出，而无法传播得很远——这种现象被称为康普顿散射——重子-光子流

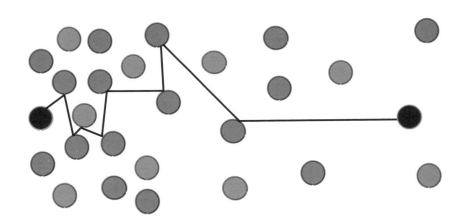

早期宇宙密度极大，且不透明，因此所有粒子（包括电子）都会发生非常剧烈的碰撞。随着宇宙的密度不断降低，透明度逐渐增加，粒子的"平均自由程"（即不发生碰撞的平均传播距离）就会变得更长

时期简介

时间：在大爆炸之后 10 秒至大约 38 万年

亮点：核合成，重子-光子流体，康普顿散射

气候：温度为 3,000K 至 10^9K

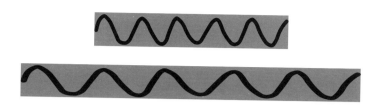

橡皮筋产生的波随着橡皮筋的拉伸而拉伸。相似地，不断膨胀的星系之间光的波长也会被拉长

体对光是不透明的。

物质主导期

如果你还记得 $E=mc^2$ 这个方程，你就会知道物质和能量其实是同一东西的两种形态。自从宇宙暴胀以来，如果我们不把暗能量算在内，宇宙中这种"东西"的总量一直保持不变。

然而，随着时间的推移，相对于以物质形态存在的数量来说，以能量（如辐射和光子）形态存在的数量发生了变化。在光子时期，宇宙的能量密度主要是由辐射或光子决定的。但随着宇宙继续膨胀，宇宙的空间结构变得越来越伸展，光子和物质粒子都变得更分散，密度也更小。与此同时，光子的波长被拉长，使它们失去部分能量。然而，这种情况在物质粒子中并不会发生。所以辐射的能量密度比物质的能量密度下降得更快。在大爆炸之后大约七万年，宇宙的能量密度开始由物质主导。这就是为什么大爆炸之后七万年被称为物质主导期（Matter Dominated Era）。

复合时期
The Recombination Era

这是第一个可以真正看到东西的时期，深受大爆炸旅行者的喜爱。对于那些想要整理思绪、摆脱现代生活压力的人来说，复合时期也成了他们最喜欢的舒适区。

这个时期的宇宙看上去开始有些熟悉了。当温度下降到3,000K（与太阳表面的温度为同一个数量级）时，带正电荷的原子核可以捕获带负电荷的电子（即"复合"）。于是，第一批原子诞生了。随着等离子体渐渐消散，留下一团由氢和氦组成的薄雾，光子与曾经挡路的重子退耦，可以在宇宙中畅通无阻，因此这个时期也被称为退耦期（Decoupling Era）。

光子退耦

在数万年的时间里，宇宙从不透明变成透明，大爆炸

时期简介

时间：大约发生在大爆炸之后 38 万年

亮点：第一批原子，退耦，原初辐射

气候：温度为 3,000K 或更低

遗留的辐射光子也得以发出光芒。可惜这道光并不是很亮，因为空间的暴胀使其红移到了非常低的能级。这个过程一直持续至今，这就是为什么今天宇宙中大部分区域的环境温度只有 3K。当时释放的辐射至今仍在，形成了我们今天所观测到的宇宙微波背景。这也为我们提供了第一幅宇宙地图。

复合时期：最受欢迎的大爆炸旅游景点之一

黑暗时期
The Dark Age

是不是想要远离最初几秒钟的高能物理，休息一下？或者需要一些安静的时间来思考？请前往宇宙的黑暗时期（Dark Age），远离这一切吧。在复合时期之后，宇宙已经变得透明，退耦释放了许多光子，但是这些光子的密度和能级都是极低的。原初的背景辐射有时也被称为"创世的余晖"，但它实际上是一片极其暗淡的光。在接下来的 1.5 亿年里，整个宇宙中没有一丝光亮，这可能是整个宇宙历史上最无聊的一段时间。因此，宇宙学家们称之为"黑暗时期"。

暗流涌动

对于那些想要远离这一切的人来说，黑暗时期提供了足够的时间和空间来独处和放松。除了在氢氦薄雾中飘浮，没有什么可看的，也没有什么可做的。

时期简介

时间：在大爆炸之后 38 万年至 1.5 亿年

亮点：没有

气候：温度大约为 3,000K

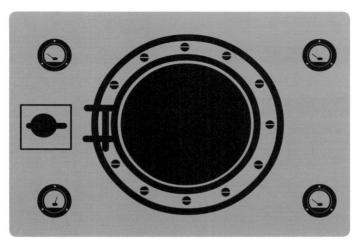

在黑暗时期,你从时间机器的舷窗看到的外面的风景

但在表面之下,有些东西正在蠢蠢欲动。神秘的暗物质开始大显身手,它正在按照某种秘密方案来管理宇宙中的物质。

科学家们只能对暗物质进行推测,因为没有人知道它是什么,也不知道它从哪里来。然而,人们普遍认为,由暗物质构成的某种超级结构遍布整个宇宙,它可以把一些微小的不均匀密度扰动放大(均匀宇宙存在的微小量子涨落在暴胀之后被放大到宇宙尺度)。

通过某种令人难以捉摸的引力,暗物质吸引物质粒子(氢原子核与氦原子核),并把它们聚集起来,形成了第一代星云。星云可能就像滚雪球一样变成巨大的球体,为宇宙演化的下一阶段奠定了基础。

宇宙复兴
The Cosmic Renaissance

每一位大爆炸旅行者必看的第一个景点一定是宇宙复兴时期。在这个时期，第一代恒星被点燃，可见光第一次照亮整个宇宙。因为它标志着黑暗时期的结束以及许多美丽新现象的出现，所以这一时期被称为宇宙复兴时期。

在黑暗时期，宇宙充满了中性物质（大部分是氢气云团），没有恒星，也没有其他光源，一切都处于黑暗和冰冷之中。

人们仍然可以在遥远的星系中观测到恒星的形成过程，如 NGC 3081 星系

时期简介

时间：在大爆炸之后 1.5 亿年至大约 10 亿年

亮点：暗物质晕，第一代恒星和类星体，残余的中性氢射电余晖

气候：环境温度为 3K，局部热点区域可达 10 万亿开尔文

但是，早期宇宙留下的密度较大的区域通过引力吸引聚集了更多的物质，使宇宙局部区域的温度逐渐升高。

最终，在大爆炸发生之后大约 1.5 亿年，宇宙中物质密度特别高的区域会坍缩，后来形成第一代恒星和类星体（可以发出巨大辐射流的超大质量黑洞）。在大爆炸旅行中，很少看到有比第一代恒星的绽放更令人惊叹和敬畏的景象，但它们的美丽伴随着一场猛烈的、不断扩大的辐射风暴，这场风暴最终会撕裂宇宙中的大部分物质。

如果大爆炸旅行者想要更好地了解宇宙演化的最后阶段，包括今天宇宙的性质以及我们身边大多数元素的来源，请仔细留意接下来发生的事情。在宇宙历史上的这段时期，宇宙中只存在三种元素：氢、氦和少量的锂。第一代恒星非常巨大，但生命周期相当短，它们迅速坍缩，并引发了超新星爆发。在这些巨大爆炸的熔炉中，原初元素被融合成新的、更重的元素。这些物质又被吸收进下一代恒星中，再次融合成更重的元素。所以说，多亏了第一代恒星为宇宙播下了元素周期表的种子，我们今天才得以看到这些元素。

恒星和星系形成
Star and Galaxy Formation

尽管纯粹主义者可能会反对"恒星和星系是在大爆炸发生之后很久才形成的",但恒星和星系形成(galaxy formation)的时期仍然是宇宙旅行者的最爱,因为这一时期的景色既美丽又壮观。请使用第 92 页的星系清单,看看你能否把它们全都找到。

摇滚"明星"

在黑暗时期,巨大的中性氢气云团聚集到一起,形成了直径约 100 光年甚至更大的巨型球体。在大爆炸发生之后大约 2 亿年,这些星云在自身引力作用下开始坍缩,导致核心发生聚变反应。又过了大约 2 亿年,第一代恒星闪耀出世。最初的这些恒星是恒星演化史上的摇滚"明星",可惜这些巨星需要燃烧大量气体,生命十分短暂,很快就消亡于绚烂的光辉中。从一个观测者的角度来看,它们是相当枯燥的;除了氢和氦,它们没有其他东西可以燃烧,所以缺乏后代恒星所具有的风格或细节。但是,这些恒星消亡后会生成元素周期表上靠前一些的元素,并为下一代恒星生成更重的元素埋下种子,使更高级的核合成得以发生。

大约在第一代恒星形成的同时,第一代星系也正在聚集。关于星系的形成是"自上而下"还是"自下而上",人们对此

哈勃空间望远镜所拍摄的旋涡星系 NGC 2683 的侧面图

时期简介

时间：从大爆炸之后 4 亿年至今

亮点：第一代和第二代恒星，自上而下或自下而上的星系形成，早期星系

气候：环境温度为 3K

意见不一。自上而下的形成理论认为，巨大的气体云坍缩形成星系，然后星系分裂成更小的云团，其中密度较大的区域孕育出恒星，因此星系先出现，然后才是恒星。自下而上的形成理论则表示，大量已经存在的恒星和星云聚集在一起，然后形成一个星系。前往这个时期的旅行者可以提供一项有价值的科学服务——向人们报告他们的所见所闻，这将非常有助于解决这个争论。

星系清单

请留意下一页列出的所有星系类型。在早期宇宙中，更小、更简单的星系出现的频率更高；在接下来的几十亿年里，其中许多将会发生碰撞、聚集，并演化成更复杂的类型。

银河系观察员

以下是埃德温·哈勃的星系分类（galaxy classification）方案的简化版本。

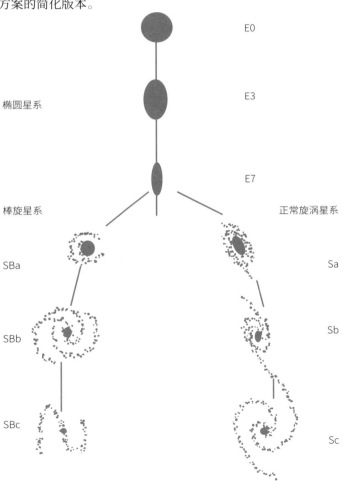

值得铭记的先驱人物
People of Note

> 想象力比知识更加重要。知识是有限的，而想象力概括着世界上的一切……重要的是不要停止提问。

阿尔伯特·爱因斯坦

（Albert Einstein）

乔治·勒梅特
Georges Lemaître

第一个提出大爆炸理论的人是比利时神父、物理学家乔治·勒梅特（1894—1966）。他参加了第一次世界大战，并被授予比利时英勇十字勋章。战争结束后，勒梅特决定先学习数学，再学习神学以担任神职工作。他在1923年被授予了圣职后去了英国，师从物理学家和天文学家亚瑟·爱丁顿（Arthur Eddington，1882—1944）。在美国待了一段时间后，他又回到了比利时，在天主教鲁汶大学任职。

1927年，他在研究了爱因斯坦场方程后，独立于亚历山大·弗里德曼（Alexander Friedmann，1888—1925），发现了一组指向宇宙膨胀的解，与埃德温·哈勃报告的观测结果相吻合；他甚至对后来被称为哈勃常数的东西给出了第一个定义和估计值。勒梅特在一份名不见经传的比利时学术期刊上以法语发表了一篇论文：《将银河系外星云的径向速度考虑在内，均质的宇宙质量不变，半径不断增加》。这篇论文在当时并没有引起多少注意，然而论文的结论意义非凡：宇宙的膨胀意味着空间和时间是存在起点的。当时能认识到勒梅特的工作的重要性的人寥寥无几，这其中就包括爱因斯坦本人。据说，爱因斯坦曾在 1927 年告诉这位比利时神父："你的数学计算无懈可击，但是物理学方面的观点真是糟透了。"

1931 年，勒梅特发表了论文的英文版，在这之后他的理论变得广为人知。在英文版论文中，他提出宇宙起源于一个"原初超级原子"的理论，即"宇宙蛋（Cosmic Egg）"假说，而不是"大爆炸"模型。勒梅特称，宇宙蛋"在创世的那一瞬间爆炸"，时间和空间的开端是"没有昨天的现在"。此时，哈勃已经公布了他的发现。经过长达十年的观测，他发现星系的红移程度与距离我们的远近成正比，这就证实了勒梅特的理论。

尽管如此，勒梅特的论文还是引起了轩然大波。其中一些人认为，他的宗教信仰才是他推进这个理论的真正动机，而该理论在创世的故事中给上帝留出了可供发挥的空间。1931 年 5 月，勒梅特在《自然》杂志上发表了一篇文章，用以回应对他的研究工作的一些异议。请注意！他是用"世界"这个词来表示"宇宙"的：

"如果世界是从一个量子开始的，那么时间和空间的概念在一开始的那个点上就完全没有任何意义；只有当最初的量子分裂出足够的数量后，它们才开始有意义。如果这个说法是正确的，那么世界的开端就在时间和空间的开端之前一点点。"

他的想法很快开始获得认可。1933 年，勒梅特陪同爱因斯坦在美国加州举办巡回讲座。据说，在一次研讨会上听了勒梅特对这一理论的阐述之后，爱因斯坦宣称："这是我听过最美的、最令人满意的对创世的解释。"不过，人们对爱因斯坦的这一评价也是有争议的。

阿尔伯特·爱因斯坦
Albert Einstein

在本书提及的一众科学家当中，最著名的就是阿尔伯特·爱因斯坦（1879—1955）。他奠定了近代物理学的基础，使大爆炸可以被人们所想象和理解。短短几年之间，他颠覆了几百年以来人们对科学的认知，推翻了牛顿的时空观，彻底改写了物理学定律，并取得了足够多的额外突破——这些突破足以使他获得六项诺贝尔奖。

三级技术员

然而，值得注意的是，爱因斯坦早年的学术生涯十分平庸，几近失败。他出生在德国，在慕尼黑上学，十几岁时移居瑞士，但最初未能通过一所技术学院的入学考试。后来，他获得了教师资格，但很难找到工作，最终不得不在一位朋友的父亲的帮助下，于1902年在伯尔尼专利局谋取了一个"三级技术员"职位。

这段黯淡的历史很快就被一段不可思议的高产时期所取代。尤其是在1905年，爱因斯坦发表了多篇论文，在论文中讲述了一系列突破：用量子理论解释了光电效应（他最终因此获得了诺贝尔奖）；解释了布朗运动（微小粒子的无规则运动，爱因斯坦表示这为原子学说提供了一个重要的依据）；介绍了狭义相对论；介绍了质能等价，与之一起提出的便是著名的方程 $E=mc^2$。

二级技术员

在这些成就的光环下，爱因斯坦得以离开专利局（此时他的职称已经是"二级技术员"），谋取了一个学术职位，并开始获得认可。1915 年，在和他的数学家朋友马塞尔·格罗斯曼（Marcel Grossmann，1878—1936）共同探讨之后，爱因斯坦终于发表了他的广义相对论。

1919 年，人们在日食期间观测到了引力透镜现象，证实了他的理论预言，使他几乎在一夜之间成为了世界上最著名的科学家，他的人生从此发生了彻底的改变。1921 年，他获得了诺贝尔奖。在 20 世纪 20 年代，他获得了数不清的荣誉。后来，由于纳粹崛起，德国出现了系统的反犹太主义，他被迫离开了德国。1932 年，他移居美国，余生一直在徒劳地探求一个可以把引力和电磁力统一起来的理论，即大统一理论。

1939 年，爱因斯坦意识到纳粹德国潜在的原子弹威胁。他帮助说服美国人研制出第一颗原子弹，但战争结束后，他坚持不懈地倡导和平与核裁军。

乔治·伽莫夫
George Gamow

　　乔治·伽莫夫（1904—1968）在其辉煌的职业生涯中，曾与许多伟大的物理学家有过合作，在核物理学和量子物理学上取得了很多重大突破，解释了核合成，并预测了宇宙微波背景辐射的存在，这已被证明是宇宙大爆炸最关键的证据之一。

量子隧穿

　　1904 年，伽莫夫出生在乌克兰的敖德萨。他上学的时候正好赶上第一次世界大战，在这期间，他的学业经常被炮火打断。在列宁格勒大学获得博士学位后，他先后在德国哥廷根大学、丹麦哥本哈根大学和英国剑桥大学从事研究工作，师从尼尔斯·玻尔（Niels Bohr，1885—1962）和欧内斯特·卢瑟福（Ernest Rutherford，1871—1937）等物理学大师，提出了原子核的"液滴"模型。该模型成了人们理解核裂变的基础，对原子弹的研制至关重要。

　　1928 年，伽莫夫成功地将量子理论应用到对原子核的研究上面。他用量子隧穿（quantum tunneling）效应解释了原子核的阿尔法衰变。在经典力学中，粒子会被牢牢地束缚在原子核内，它们好像被一堵高墙挡住了一样，无法跨越过去。然而在量子力学（quantum mechanics）中，粒子被解释为概率波，使粒子可以概率性地从"墙"的一边穿越到另一边，而不用从墙的中间穿过。"量子隧穿"效应解释了粒子如何挣脱原子核的束缚，进而产生放射性衰变。

预言创世的余晖

1933 年，伽莫夫和他的妻子从苏联叛逃到美国。"二战"后，他和他的研究生拉尔夫·阿尔弗（Ralph Alpher，1921—2007）在大爆炸之后的宇宙演化方面取得了突破性的成果。他们的核合成理论解释了早期宇宙中氢和氦的起源，不过他们对重元素的起源的解释是错误的。

在相关论文中，伽莫夫、阿尔弗和罗伯特·赫尔曼（Robert Herman，1914—1997）一起提出了早期宇宙这种类似等离子体的性质可能导致的后果，特别是当它冷却到第一次对光透明时会发生什么。他们预测，这个时期的辐射会随着宇宙的膨胀而冷却下来，所以温度极低的辐射将在宇宙中均匀地分布，这种辐射位于光谱的微波部分，即宇宙微波背景。它在 1964 年被发现，为大爆炸理论提供了一条有力的证据。后来，伽莫夫又在遗传学方面做了许多重要的工作，并因其广受欢迎的科普著作而获奖，其中包括《汤普金斯先生》系列。在这套书中，主人公汤普金斯先生探索了宇宙中特定位置可能上演的各种剧情。

埃德温·哈勃
Edwin Hubble

现在我们对宇宙尺度的认知，以及这个尺度一直在扩大的事实，在很大程度上要归功于美国天文学家埃德温·哈勃（1889—1953），他被誉为20世纪最伟大的天文学家。

少校

哈勃进入天文学领域的时间相对较晚。高中时期，他是学校里的明星运动员，曾在芝加哥大学学习数学和天文学，之后在牛津大学潜心学习法律。最后，他选择了天文学，并在加州著名的威尔逊山天文台任职。

第一次世界大战爆发后，哈勃参军上了战场，战争结束后回到加州，此时深受军旅生活影响的他自称为"少校"。他刚到天文台时，恰逢当时世界上最大的望远镜——胡克望远镜（详见对页图）完工，他利用这架望远镜取得了巨大的成果。在1922到1924年间，他发现了一种被称为造父变星的恒星，这种特殊的恒星可被用作宇宙中可靠的距离标志，这使他在1925年证明了很多所谓的旋涡星云［包括仙女星云（Andromeda Nebula）在内］实际上是非常遥远的星系，远在我们的银河系之外。这与当时认为银河系就是整个宇宙的传统观念背道而驰。1929年，哈勃整理了近十年以来对遥远星系红移现象的观测结果，证明了星系距离我们越远，它远离我们的速度就越快。这种线性关系被称为哈勃定律，是对弗里德曼和勒梅特的宇宙膨胀理论的有力证明，并对宇宙的历史产生了重大影响，因为它暗示了宇宙一定是从一个点开始的。

明星天文学家

爱因斯坦从前一直相信宇宙是静态的，没有起点也没有终点。他特地拜访了哈勃，并向这个证明了他是错误的美国人当面致谢。哈勃成了一位明星科学家和社会活动家，结交了许多电影明星和百万富翁。但是，他拒绝参与跟他的伟大发现相关的宇宙学辩论。此时，面对科学的时代潮流，他发现自己已经落伍了。诺贝尔委员会也忽视了他的成就，还拒绝承认天文学家获得物理学奖的资格（不过他们在哈勃去世后改变了主意）。由于没有举办葬礼，他的妻子也拒绝透露他的墓地在哪里，这给他的死亡蒙上了一层神秘的面纱。

亚历山大·弗里德曼
Alexander Friedmann

亚历山大·弗里德曼（1888—1925）也许是第一个真正理解爱因斯坦场方程对宇宙历史有着怎样意义的人。他还证明了宇宙可能是动态的、有限的。这一观念上的突破可以与哥白尼革命相媲美，并进一步强调了地球并不是宇宙的中心。

弹道学教官

亚历山大·弗里德曼是一位杰出的数学家，成长于俄国革命期间。他研究和教授纯数学和应用数学，涉及的领域包括量子物理学、流体动力学、航空学、地磁学和气象学。在第一次世界大战期间，凭借在航空学方面的专业知识，他加入了俄国空军，并成为一名弹道学教官。1920年，他搬到了彼得格勒（圣彼得堡在20世纪用过的几个名字之一），第一次接触到了爱因斯坦的广义相对论。由于革命和战争，相对论在俄罗斯很晚才为人们所知。

1922 年，弗里德曼对爱因斯坦的广义相对论场方程进行了精彩绝伦的分析，并在德国著名的学术杂志《物理学杂志》（Zeitschrift für Physik）上发表了《论时空的弯曲》一文，证明了一些惊人的猜想。那时，爱因斯坦只认可一种被弗里德曼描述为"静态宇宙"（一个静止且无限的宇宙，现在被叫作"稳恒态宇宙"）的理论模型。与此同时，弗里德曼却对多种宇宙模型持开放态度，这些模型包括各种可能的解，例如宇宙的"曲率半径正在随着时间不断增长"——换言之，宇宙正在膨胀。

更准确地说，弗里德曼证明了爱因斯坦场方程有多个解，其中包括支持稳恒态宇宙的解，也包括支持宇宙正在膨胀或收缩的解。究竟选择哪个解，这在很大程度上取决于某些宇宙变量的值，而这些值要在很多年以后才被确定下来。

爱因斯坦最初对他的研究不屑一顾，曾撰文说弗里德曼"论文中关于宇宙非稳恒态的研究成果，在我看来是可疑的。事实上，他给出的解并不满足场方程"。但是这位物理学巨擘错了，在弗里德曼站出来要求"纠正你的说法"之后，爱因斯坦承认"我的计算有误"，并承认"弗里德曼的结果是正确的，他给宇宙学理论带来了新的气息"。

然而两年后，在乘坐热气球破纪录地上升到 7,400 米的高空进行科学观测之后一个月，弗里德曼就病倒了。1925 年 9 月，他死于伤寒，年仅 37 岁。

弗雷德·霍伊尔
Fred Hoyle

弗雷德·霍伊尔（1915—2001）是战后英国天文学的杰出人物之一。由于参与制作了一系列风格类似"炉边漫谈"的广播节目，他的名字变得家喻户晓。尽管他公开反对大爆炸理论，但他还是对大爆炸科学做出了重要贡献。霍伊尔提出了关于宇宙的"稳恒态"理论，后来又提出了一系列有悖常理且稀奇古怪的科学假说。

他早期的学术生涯专注于研究数学以及宇宙学中的数学

问题，却因战争而中断。意识到核物理学可能对原子弹的研制有帮助，他拒绝参与武器研究，转而从事雷达研究。但在1944年访问美国期间，他获悉了曼哈顿计划的大致内容，并开始对核反应进行更深入的思考。

战争结束后，他回到了英国，从事关于恒星内部结

鲍里斯·安烈普（Boris Anrep, 1883—1969）创作的一幅马赛克作品，在画中他把霍伊尔描绘成一名爬向星星的高空作业工人

构和反应的数学研究工作。

后来，他阐明了已死亡的恒星的元素会在超新星爆发时散播开，这些元素会被新生的恒星所吸收，从而合成更重的元素，包括那些构成我们身体的元素。这就引出了那句著名的比喻："我们都是由星尘构成的。"

1948 年，他发表了几篇论文，宣扬稳恒态理论。两年后，他做了一系列全国性的广播节目，向大众解释科学。在其中的一期节目里，他轻蔑地将宇宙是从最初的一个奇点膨胀形成的理论称为"大爆炸"，从而创造了这个短语。他对恒星核合成和宇宙碳丰度的研究使他支持"人择原理"（一种认为物质宇宙必须与观测到它的存在意识的智慧生命相匹配的哲学理论），这也让他转而相信人类可能来源于智慧设计。

1972 年，他因政治原因退出学术界，并将余生的大部分时间致力于给很多热门话题提反对意见。他抨击达尔文学说，支持建造巨石阵是为了预测日食和月食的理论，驳斥生命是从"原始汤"演化而来的理论，并称其"显然是一派胡言"。相反，霍伊尔与斯里兰卡数学家钱德拉·维克拉马辛哈（Chandra Wickramasinghe，1939— ）一起提出了"胚种论"，该理论认为，地球上的生命是来自经由彗星散播的太空中的病毒。"霍伊尔试图回答科学上一些最大的问题，"维克拉马辛哈曾写道，"宇宙是如何起源的？生命是如何开始的？行星、恒星和星系的最终命运是什么？他总是在最意想不到的地方找到这些问题的答案。"

维拉·鲁宾
Vera Rubin

大爆炸旅行所能解开的其中一个谜团，就是暗物质的存在及其性质。我们之所以能够猜想暗物质的存在，主要归功于美国天文学家维拉·鲁宾（Vera Rubin，1928—2016）所发现的证据。

让天文学摆脱性别歧视

鲁宾在 10 岁时就对天文学产生了浓厚的兴趣。可是，她职业生涯中的大部分时间都不得不与性别障碍做斗争。她在瓦萨学院读完了大学本科，因为她的偶像玛丽亚·米切尔（Maria Mitchell，1818—1889，美国第一位女性天文学家）曾在那里工作。1948 年，她向普林斯顿大学递交了研究生入学申请书，但从未收到过任何回信，因为这所大学的研究生课程一直到 1975 年才允许女性入学。

1965 年，作为第一个使用帕洛玛山天文台（位于美国加州南部）的女性，她发现那里没有供女性使用的卫生间，于是她在卫生间的门上贴了一个穿裙子的小纸人。

作为研究旋涡星系的专家，鲁宾与美国天文学家肯特·福特（Kent Ford，1931— ）展开了合作。福特开发了一种高度灵敏的光谱仪，可以用来分析来自遥远星系不同部分的光的

维拉·鲁宾和宇航员约翰·格伦（John Glenn, 1921—2016）的合影

波长。通过观测来自星系不同部分的光的红移，他们可以计算出旋涡星系内侧和外侧的旋转速度。在 20 世纪 70 年代和 80 年代初的一系列论文中，鲁宾和福特发现星系并不是按照天文学家所预期的方式旋转的。旋涡星系大部分可见的质量都集中在星系中心，因此靠近中心引力阱的恒星应该比远离中心引力阱的恒星绕中心引力阱旋转的速度更快，就像我们太阳系的内侧行星比外侧行星绕太阳旋转的速度更快一样。

但他们的测量结果显示，恒星的轨道速度并没有这种差异。对此，鲁宾总结道："对于旋涡星系，并非所见即所得。"

未知和已知的比例

每个星系外围的光晕中好像都聚集着大量的不可见的物质（即暗物质），但是这种物质是否真的存在以及它可能是什么仍然是一个谜。

根据鲁宾的观测，"在一个旋涡星系中，暗物质大约是可见物质的 10 倍。这个数字体现了我们目前对宇宙的认知水平。虽然我们已经从幼儿园毕业了，但充其量只相当于小学三年级。"

很多年以前，人们曾对巨大的后发星系团中的星系进行过观测，鲁宾将她的发现与前人的观测联系起来。根据传统的引力计算，这些星系移动的速度过快，整个星系团应该会四分五裂。但事实上，这些星系并没有散开，好像星系团中存在更多的、10 倍于可见物质的物质。因此，鲁宾被誉为暗物质的发现者。这种神秘的物质可能在大爆炸的第一瞬间就出现了，并自那以后一直在引导着宇宙的演化。

然而在生活中，鲁宾常常被这些名头所困扰。她表示自己仅仅是观测到了一些与传统的引力计算不相符的异常现象，以及这些异常现象在宇宙尺度上是如何运作的。不断有人预言，表示暗物质的性质将在 10 年之内被研究明白。这些预言分别在 1980 年、1990 年、2001 年和 2006 年被提出，这让她感到非常恼火。在后来的几年里，她开始产生怀疑，也许暗物质并不存在。事实上，需要被修改的是我们对引力的全部认知。

史蒂芬·霍金
Stephen Hawking

英国理论物理学家史蒂芬·霍金（1942—2018）以自身的疾病、残疾和全球畅销的科普著作《时间简史》闻名于世，但是我们知道，他是英国继牛顿之后最重要的宇宙学家。在漫长且多样化的职业生涯中，霍金取得了许多与大爆炸相关的成就，比如奇点、黑洞、量子引力（quantum gravity）的统一理论，以及关于宇宙起源的另类观点。

霍金在 21 岁时患上了肌萎缩侧索硬化症。这是一种运动神经元疾病，而他当时才刚刚开始在理论物理学上有所建树。他与自己的同事、英国数学家罗杰·彭罗斯（Roger Penrose，1931—）一起建立了奇点的数学模型，包括黑洞中心和大爆炸之前的奇点，由此证明了宇宙诞生于一个初始奇点。

霍金辐射

根据量子效应理论，霍金推测出黑洞可以散发亚原子粒子，形成一种热辐射，即"霍金辐射"，这是他最著名的成就。这一次融合量子力学与广义相对论的成功经验，使他在量子引力的统一理论方面取得了重大进展。例如，在 1971 年，他发表了一篇重要论文，文中指出早期宇宙可能存在一种微型黑洞。这种黑洞比质子还小，但质量高达 10 亿吨。

后来，霍金提出了一种质疑大爆炸理论的"无边界假设"。在这个假设中，宇宙的起点就好比"北极"：站在这个点上，每个方向都是南，即使没有真实的边界，也不可能朝另一个方向前进。

除了写出了破纪录的畅销书，霍金还获得了无数荣誉。然而，其中并不包括诺贝尔奖。这是因为诺贝尔奖只能颁给已经得到实验验证的理论。霍金的理论过于超前，所描述的现象过于奇异，以至于现有的技术还无法验证他的才华。

太空远足
Excursions

抬头仰望星空，而不是低头盯着自己的双脚。尝试去理解你所看到的，并对宇宙的存在感到好奇。

史蒂芬·霍金

（Stephen Hawking）

膜、更高的维度和泡沫宇宙
Membranes, Higher Dimensions and Bubble Universes

早期宇宙到处都是奇异的景象，为什么非得将自己限制在四维时空中呢？有时候，离开度假胜地来一次远足也是不错的选择，更何况前往大爆炸的旅行还能让你遇到许多其他目的地所没有的非凡景色。

更高的维度

根据一套理论的猜想，除了空间和时间的四个可观测维度之外，宇宙还有另外的七个维度。其中的一些维度可能被卷成了线圈的样子或者弦状，因此这套理论被称作弦理论（string theory）。该理论将所有粒子都视为一小段振动的能量弦线，并以不同的振动模式对应各种基本粒子。在普朗克期，这些更高的维度可能是展开的，所以这一时期的旅行者可以参观其他维度，观察平行宇宙以及跟我们现在的宇宙有着相异物理规律的宇宙。

弦理论的另一种解释是，更高的维度不是折叠起来的，而是以不同的组合或流形的状态存在的，即"膜"。我们自己

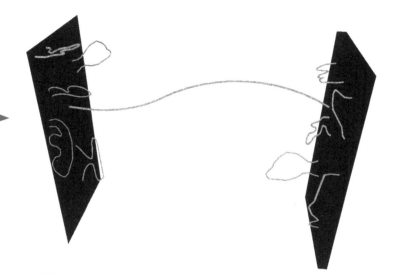

如图所示，弦理论认为开放的弦可以在时空中传播并把两个膜连接起来

的四维流形（也叫作时空）只是众多膜之中的一个。在宇宙的最初时刻，膜与膜之间离得更近。为什么不花上一幺秒去另一个膜寻找我们这里没有的奇异粒子呢？看看你能否找到标量中微子、Z 微子甚至是反顶夸克。

根据量子力学的一些描述，大爆炸带来的暴胀使得普朗克期的纯真空能量原点像一个气泡一样膨胀。不同区域的真空会经历不同的膨胀，并在这种失控膨胀下形成附属气泡。我们现在的宇宙可能只是这些气泡中的一个，而无数其他气泡都有可能膨胀并形成各自的宇宙。因此，暴胀期是前往各种泡沫宇宙进行远足的完美跳板；在那里，总有一个宇宙符合来访者的品味。

引力波冲浪
Gravitational Wave Surfing

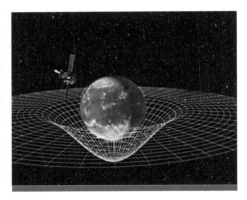

在早期宇宙，水上运动实在算不上一个选择，因为那时氧元素还没有被制造出来，排除了水存在的可能性——但是伙计，谁也没说你不能在波上冲浪啊！

爱因斯坦将宇宙看作由时空布料构成的"床单"，这一新视角带来的结论是，这块布料的扭曲变形就像质量集中造成的那样，可以在时空中产生波。想象一下，将一个保龄球从半空中投到一张蹦床上：波会持续地从撞击点向外扩散，就像池塘表面被扔进去了一颗鹅卵石那样。

这些在时空中传播的波叫作引力波（gravitational wave）。支持大爆炸暴胀模型的重要证据之一，就是探测到这些极其微弱但波长极其长的引力波。这种引力波的波长预计可达10亿光年。实际上，这些引力波本身太微弱了，无法被直接观测到，但是在不久的将来，对宇宙微波背景的高分辨率测绘

引力波(由双白矮星绕转扰动时空产生)向外传播的艺术想象图

可能会揭露这些波的印记。引力波的波长和产生引力波的物体的大小是相称的,而我们目前所预期的引力波,在宇宙中并没有能产生这种波长的物体。唯一说得过去的解释就是,它们是由早期宇宙的暴胀产生的。暴胀造成的时空急速膨胀以及现在宇宙的持续膨胀将这些引力波拉长,但在最初的 10^{-36} 秒内这种波动是非常剧烈的,那些寻求刺激的冲浪爱好者估计会很喜欢!

寻找类星体
Quasar Spotting

类星体是类星射电源（quasi-stellar radio source）的缩写，这个名字也表明了它们最早是由射电天文学领域发现的。科学家们现在认为类星体是"正在进食的黑洞"或者活动星系核。大量物质以极高的速度落入星系核中心的超大质量黑洞，这使类星体可以释放出几百倍于一个正常星系的能量，因此它们比我们的太阳还要亮万亿倍。

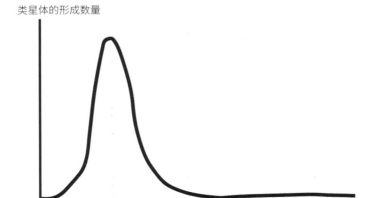

在经历了宇宙初期一段不适合形成类星体的时期之后，类星体的形成数量达到顶峰，此后逐渐减少

类星体是我们所能看到的最亮的同时也是最遥远的天体，因此它们也是我们所能观测到的最古老的天体。我们在附近并没有找到类星体，所以它们都不是最近形成的；而当我们穿越时空回到过去时，类星体的数量就会逐渐增加，直到某一点，它的数量又突然下降。

这意味着宇宙在大爆炸发生之后几亿年才具备形成类星体的条件，并且在大约 27 亿年时条件最适合。

类星体观测清单

前往早期宇宙的旅行者可以参观类星体形成的高峰期，并观看这些极端宇宙现象的形成与异常剧烈的演化。下面这个清单将非常有助于你找到观看类星体诞生的最佳地点。

● 超大质量黑洞：其质量大约为太阳质量的 10 亿倍。

● 环绕在黑洞周围的气态的吸积盘（主要由气体、尘埃和等离子体组成）：正是它们喂养了类星体，而且物质越多越好，因为当"食物"耗尽之后，类星体就会停止发光，其生命也终结了。

● 年轻星系：它们往往含有更多尚未被恒星吸收掉的尘埃和气体，所以更有可能被类星体所用。

● 合并中的星系：当星系撞在一起时，物质落入超大质量黑洞轨道中的概率就会增加。去寻找宇宙中星系密集成团的区域吧。

类星体的结构

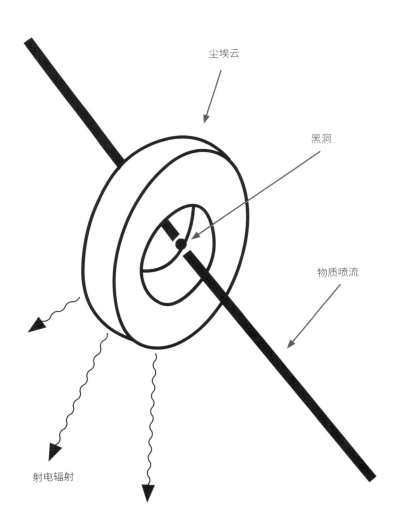

尘埃云

黑洞

物质喷流

射电辐射

寻找暗物质
Find the Dark Matter

设想你是一名宇宙超级侦探或者星系刑警，那就加入令人难以捉摸的暗物质的狩猎队伍吧！

早期宇宙大概是寻找这种神秘物质最好的地方，因为这是它最先形成的时期，也是人们认为它对宇宙的初始架构产生影响的时期。不可否认，这里面存在几个障碍：没有人知道暗物质究竟是什么，甚至不知道它是否存在；而且即使它真的存在，它也不与电磁力产生相互作用。这些障碍使目前已知的所有探测手段都无计可施。

提示和线索

一种可能性是，暗物质自创世之初就构成了宇宙的某种骨架或者超结构，而追踪它的方法就是寻找它在创世的"犯罪现场"遗留下的细微线索。

这场侦探追踪的背景设定为宇宙的黑暗时期，当时宇宙中充满了氢氦气体云，但恒星还没有被点燃。这种气体云最初是均匀分布的，但由于某种原因，某些特定区域的气体团块开始增加，并形成了局部致密区域，后来则发展为恒星"托儿所"。

一种理论认为，这种聚集是由暗物质引起的，这就意味着我们可以通过追踪致密区域的形成来推断是否存在暗物质。

隐藏的网

在宇宙演化稍微靠后一些的时期，也就是星系形成时期，大质量黑洞在整个宇宙中制造了大量的类星体。这些类星体似乎也对我们寻找暗物质的某种超结构有所帮助。

2014年，欧洲南方天文台（European Southern Observatory，ESO）报告了一个惊人的发现：早期宇宙中的类星体的旋转轴与宇宙的大尺度结构［有时也被称为宇宙网（cosmic web）］是完全一致的。这一观测表明，类星体在形成过程中受到了构成宇宙网的同一种暗物质骨架的影响。这种暗物质骨架也可以被称为"网中之网"。你所要做的就是跟随类星体路标去找出隐藏的暗物质。

超星系团谜题
Guess the Supercluster

宇宙空间无比广袤，因此身处其间不免感到孤寂。或许这就是星系都喜欢聚在一起形成星系团的原因。一个星系团是由成百上千个星系组成的，它们拥有一个共同的引力中心。星系团依次聚集起来，可形成包含成百上千个星系、横跨数十亿光年的超星系团。

在恒星和星系形成的末期度过有趣的一天：到外面看看

距离我们银河系最近的邻居——仙女星系

你能否认出新形成的星系最终会在哪个星系团或超星系团安家落户。你能否将下面的这些星系跟星系团或超星系团配对呢？（答案就在本页下方）

仙女星系　　　　　　　　　　　　拉尼亚凯亚超星系团

黑眼睛星系　　　　　　　　　　　室女座超星系团

风车星系　　　　　　　　　　　　玉夫超星系团

彗星星系　　　　　　　　　　　　后发座超星系团

银河系　　　　　　　　　　　　　本星系群

车轮星系　　　　　　　　　　　　　　　　　　　　Abell 2667 星系团

天气和气候
Weather & Climate

与其诅咒黑暗，不如点亮蜡烛。

埃莉诺·罗斯福
（Eleanor Roosevelt）

电离辐射风暴
Ionizing Radiation Storms

风暴预警！请旅行者当心！当你进入大爆炸后的最初几秒钟，你会遇到极端热浪，那里的温度高到连物质都无法形成。然而，在年轻的宇宙中，有很多地方的气候只能用相当无聊来形容。早期宇宙最精彩的部分之一就是宇宙复兴时期［也被叫作再电离时期（Reionization Era）］，第一颗恒星在这个时期形成，并开始驱散黑暗。

防晒建议

提醒一下，到访这个时期的旅行者需要带上大量的防晒霜，因为再电离时期的名字就来源于第一代恒星所发出的毁灭性电离辐射。第一代恒星和现在的恒星不一样，它们的质量是太阳的 30 到 300 倍，亮度是太阳的数百万倍，它们的寿命短暂而激烈，并迅速地进入超新星爆发阶段，产生巨大的紫外线辐射风暴。这种高能的光子将原子中的电子剥离出来，使其变成离子，所以到访宇宙复兴时期的旅行者被严重晒伤的风险很高，高到可以将你转变成一团过热的等离子体。建议旅行者自备防晒系数不低于 10^{24} 的防晒霜，以及铅制的、可防辐射的遮阳伞。

大爆炸

大爆炸发生之后
大约 38 万年
复合时期：宇宙变
得透明并呈电中性，
随后黑暗时期开始

大爆炸发生之后
大约 4 亿年
恒星和类星体开始
形成

大爆炸发生之后
大约 10 亿年
再电离时期结束：
宇宙再次变得透明

大爆炸发生之后
大约 90 亿年
太阳系形成

大爆炸发生之后
大约 138 亿年
现在

中微子雨
Neutrino Showers

前往强子期和轻子期的旅行者最好带上一把伞,因为那里极有可能会下雨——中微子雨。大爆炸发生之后,宇宙的温度和密度一直在下降,直到降至某个点,也就是这两个时期的分界点——从这个点起,中微子将不再与其他物质发生相互作用。这意味着宇宙对中微子是透明的,这也被称作"中微子冻结"。

不过,由于这些粒子几乎没有质量,只能通过弱核力与其他物质发生相互作用,所以中微子不太可能与你雨伞上的粒子发生相互作用。

你可以试着用一种密度极高的物质来做伞,但即使这把伞是铅做的,它也需要有一光年(即 9.5 万亿千米)厚才能挡

住一半的中微子雨！不过，不用太担心，因为即使你完全被中微子雨浸透，它们也不会对你造成什么伤害。毕竟，你已经习惯了，即使你没有察觉到。太阳可以持续地产生大量的中微子流，这些中微子每时每刻都在穿过我们的身体。即便是在晚上，当太阳处于地球的另一侧时也是如此，因为中微子也可以轻易地穿过地球。在地球上，每秒约有 100 万亿个中微子穿过我们的身体。

还好，中微子对我们是无害的，因为在轻子期开始时就有非常多的中微子。中微子是宇宙中最常见的粒子，即使到了今天，在最空旷的星际空间中，每立方厘米也有大约 300 个早期宇宙遗留下来的中微子。

热浪
Heatwave

旅行者的偏好各不相同：一些人梦想着在正午的沙滩上接受阳光的炙烤，另一些人绝不会离开泳池半步，除非是躲到空调房里待着。不过我可以保证，即使是最喜欢晒太阳的人，他们的决心也难逃早期宇宙温度的"烤"验。即使在大爆炸之后 38 万年，宇宙的平均温度也和现在太阳的表面温度差不多。越接近宇宙早期，温度就越高。

热，热，热！

地球上迄今为止出现过的最高温度为 4 万亿摄氏度，比超新星还要热——科学家用巨型粒子对撞机以接近光速的速度撞击金元素离子，制造出了这场"超级大爆炸"。但是，即便是这样炽热的火球，和创世那一瞬间的温度相比，也是小儿科。宇宙曾经究竟有多热以及它可以有多热，是一个仍在争论中的问题。根据某个模型，宇宙可以达到的最高温度约为 10^{30}K。然而，在关于大爆炸最广为接受的模型中，创世的第一瞬间只能用被称作普朗克

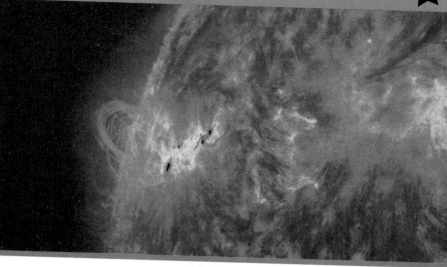

太阳的表面

单位或普朗克尺度的物理极限来描述，这反过来又揭露了量子力学的局限。一旦超过这个物理极限，现有的理论就会崩溃，我们无法预测会发生什么，所以也不知道那时的温度是多少。

够热了吗？

普朗克温度（普朗克期的温度）已经足够高了，因为这个温度约为 1.42×10^{32}K，所以防晒霜和帽子在这个温度下根本起不到什么作用。你的身体早就蒸发掉了，因为在相对较低的温度（约为 10^{16}K）时，你的身体就已经被煮成夸克汤了。普朗克温度将会把你融合成某种奇异的量子引力流体，至于这种流体的性质，物理学家甚至都不知道该如何推测。

时间悖论
Temporal Paradoxes

心里正规划着一场毕生难忘的旅行吗？如果这是一次时间旅行的话，那么冒出来的第一个问题就是"这是哪一生"。时间旅行者应该意识到他们可能带来的时间不连续以及潜在的存在危机。我们接下来会对这些危险的一部分展开探讨。

改变时间线
Changing the Timeline

威胁的本质

穿越时间回到过去给了你一个可以改变未来的机会。假设你回到重子合成时期，将三个夸克按照另一种方式组装起来，导致形成的是一个中子而不是一个质子。这样，你就改变了宇宙的历史进程以及从那之后发生的所有事情。比如说，谁也不知道这个被改变的质子的未来是什么样子的。可能它会成为一个氢原子的原子核，而这个氢原子又可能会成为使气体云坍缩成恒星所需的最后一个原子。也许那颗恒星就是我们的太阳——真是不凑巧呀，你刚刚阻止了太阳的形成。现在祝你顺利返航！如遇时间线变更，恕不退票退款。

威胁程度

极其严重——在旅行中完全不与各种粒子发生相互作用是不可能的，而这必然会改变时间线。

预防措施

在另一条时间线上的宇宙中进行时间旅行，或者应用自洽性原则（详见第 138 页）。

祖父悖论
The Grandfather Paradox

威胁的本质

对时间线来说，存在一种特殊的威胁，那就是著名的祖父悖论。回到过去存在一种可能，你可以在你的父母出生之前将你的祖父杀死，从而阻止你自己出生在这个世界上，在这种情况下，你将无法回到过去杀死你的祖父，于是你又会出生……如此循环往复。

对大爆炸旅行者来说，这样的风险是不可估量的，因为在宇宙诞生之初，一个错误的动作就可以改变整个宇宙的基础物理参数。这甚至可能导致物质都无法存在，更不用说你的祖父了。

威胁程度

严重——宇宙的基础物理参数可能无法改变，但你对早期宇宙的干预可以通过无数其他方式阻止你的祖父生下你的父母。

预防措施

如果你决心要杀死你的祖父，你需要到另一条时间线上的宇宙去完成这件事情。

限制行动悖论
The Limited Action Paradox

威胁的本质

这个悖论是前后矛盾的，因为回到过去的人有选择和行动的自由。举个例子，如果你带着一个可以将氢聚变成氦的巨大漏斗回到过去，那么你就可以用这个漏斗来改变氢和氦的初始比例。这样的话，氢和氦的初始比例将不再是 3 : 1。但是我们现在观测到的比例确实是 3 : 1，这说明实际上你并不能打乱这个比例。一个更简单的例子是，你带着一把手枪回到 1932 年，悄悄地出现在希特勒身后并拿枪指着他。从逻辑上来说，此刻并没有神秘力量来阻止你扣动扳机，这就意味着在这个场合下你显然有杀死希特勒的能力。但是我们都知道希特勒活下来了，所以从逻辑上来说，你没有扣动扳机——未来似乎限制了你在过去行动的自由。

威胁程度

中等——你可以避免做出和未来结果相悖的行为。

预防措施

你不能应用自洽性原则，因为这条原则似乎是导致这个悖论的原因。你需要在另一条时间线上的宇宙中去完成这件事情。

本体论悖论
The Ontological Paradox

威胁的本质

回到过去可能会导致一些东西——物质、能量或者信息——凭空出现在宇宙中。比如说你找到了一副137亿年前的防超新星辐射的太阳镜，你决定在大爆炸旅行时戴上它。不幸的是，你在黑暗时期把这副眼镜弄丢了（这是很有可能的，因为那里没有任何光子），而它就这样在宇宙中飘浮着，直到137亿年后又被你找到了。

这样来看，这副太阳镜似乎存在于一个闭合的时间循环之中，但它最初是从哪里来的呢？这个悖论也可以应用在一首歌、一个笑话或者一首诗上——出问题的东西不一定非得是一个实物。假设你注意到，有一个滑稽的笑话被编码到了宇宙微波背景的某一区域。因为它太有趣了，所以当你回到过去，回到复合时期，你觉得后代也该听听这个笑话，于是你以这种方式搞砸了原初辐射，就是为了在宇宙微波背景中编码这个笑话。那么这个笑话到底是谁编的呢？

威胁程度

高——不要弄丢你的太阳镜。

预防措施

你可能需要在另一条时间线上的宇宙回到过去。

违背热力学第二定律
Entropy Violation

威胁的本质

本体论悖论的一个可能的后果是，热力学第二定律被打破了。熵描述的是一个系统混乱的程度，而热力学第二定律表明熵总是增加的。就实物来说，这意味着物理实体随着时间流逝在不断磨损。以 137 亿年前的太阳镜为例，它每经历一次时间循环就会增加 137 亿年的历史。即使是最坚硬的物质也无法经受这样的磨损，而且这副眼镜注定要循环无限多次，这意味着它的年龄是无限大的。

但是如果它因磨损而消失了，又会带来一个限制行动悖论中的问题——你因在现在找到它而知道了它的存在，所以即使它已经无限地老了，但它一定能从过去存留到现在。

威胁程度

高——因为任何进入闭合时间循环的物体都很有可能破坏宇宙。

预防措施

应用自洽性原则修复坏掉的太阳镜。

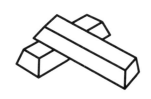

复制悖论
The Doubling Paradox

威胁的本质

时间旅行打破了守恒定律——没有东西能凭空出现。如果你回到了大爆炸时期，你就把之前不存在的物质引入了宇宙中。假设你带着一块金条从 2031 年穿越回早期宇宙，并将它放在某个 137 亿年后很容易被你找到的地方，然后别忘了给未来的自己发一条便笺，以作提醒。

你在 2031 年找到了金条，并将它带回到第一次时间旅行存放的地方——现在你在未来将会找到两块金条。这样的循环每重复一次，留下的金条就会翻倍，直至无穷无尽。

威胁程度

高——打破守恒定律是一种严重的犯罪，很可能会被起诉！

预防措施

即使在另一条时间线上的宇宙中，任何来自其他时间线上的物质也会违反守恒定律。

过于拥挤
Overcrowding

威胁的本质

一旦时间旅行技术实现了，时间旅行者可以来自这个时间点之后的任何时刻。这意味着可能有无数的旅行者选择前往同一个目的地。人气很高的目的地包括古巴比伦空中花园、特洛伊战争等历史事件，而大爆炸很可能位于这个清单的前列。

这意味着，来自所有不同时期的时间旅行者很可能在大爆炸时期会聚一堂，而那时宇宙空间并不是很大。难怪宇宙早期的宾馆价格会这么高！

威胁程度

极其严重——如果时间旅行是可行的，那么大爆炸时期一定会排起长长的队伍。

预防措施

如果每一队时间旅行者都有自己的宇宙，那么不同时间线上的宇宙可以规避这个问题。

预防措施
Protective Measures

从前面几页可以看到，时间旅行并不像科幻世界里描述的那么简单——驾驶 DeLorean 时间机器或者使用《神秘博士》的音速起子。它还有相当大的毁灭宇宙的风险。那么应该如何降低这些风险呢？

其他时间线上的宇宙

针对大多数与时间旅行相关的悖论和问题，最直接的解决方法就是在另一个宇宙中旅行，当你穿越到过去时，这个宇宙与你之前所在的宇宙是岔开的。也就是说，你的到来使另一条不同的时间线与你之前所在的时间线岔开了，这反过来又产生了另一个完整的宇宙。在这个宇宙中，你可以在1932 年暗杀希特勒，或者私自带入一副太阳镜。

诺维科夫自洽性原则

为了避开包括祖父悖论在内的时间旅行悖论，俄罗斯物理学家伊戈尔·诺维科夫（Igor Novikov, 1935— ）提出，时间旅行者做出的任何行为都必须与我们所熟知的未来保持一致，也就是说你只能做那些与你未来的时间线保持一致的事情。这意味着你不能改变任何过去的事实，这反过来又使

紧急情况使用

时序保护假说

史蒂芬·霍金提出,这些无法解决的悖论之所以存在,意味着时间旅行肯定是行不通的,虽然广义相对论似乎允许进行时间旅行。

霍金认为,宇宙中一定存在某种迄今未被发现的原理,阻止了时间旅行,从而保护了时序。请确认一下,你的大爆炸旅行保险是否涵盖这种情况。

你违背限制行动悖论。诺维科夫自洽性原则(Novikov Self-Consistency Principle)确实为违背了热力学第二定律的、永不磨损的太阳镜这一悖论提供了一个不太可能的解决方案:根据这一原则,宇宙必然会用某种方式,以确保太阳镜不断地被修复,使它无限期地存在下去。

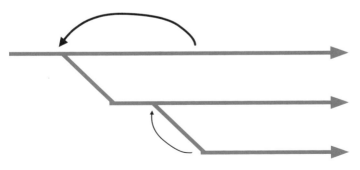

从一条特定的时间线上回到过去,会创造一条从过去的某个时刻开始分岔的新的时间线

防止违背因果律的十个方法
Top Ten Ways to Avoid a Causality Violation

以下是给时间旅行者准备的一些基础安全守则。

1. 不要碰任何东西！（更不要杀死任何一只蝴蝶！）

2. 不要落下任何物品！

3. 确保过去和现在的物质能量交换不会导致宇宙失衡。

4. 不要杀死你的祖父！

10. 如果拿不准，就转入另一条时间线。

9. 最好只参观名气没有那么大的时期和地点。

8. 不要打乱核合成、重子合成、轻子创生的过程或更改任何基础物理参数。

7. 在任何情况下都不要企图改变历史的进程。

6. 不要做出可能改变过去事实的行为。

5. 不要从早期宇宙向现在发送任何信息。

未来：开放、闭合还是平坦
The Future: Open, Closed or Flat

正如这本书的大部分内容所证明的那样，科学家们对宇宙的起源已经非常了解。利用爱因斯坦的相对论场方程等工具，并从宇宙的现状向前追溯，他们可以非常详细地描述早期宇宙是什么样子的。迄今为止，天文学和物理学所发现的大多数证据都证实了这些理论。那么，宇宙的未来又将会如何呢？如果我们知道宇宙是从一场大爆炸开始的，那它又将如何结束呢？

物质密度关乎一切

在 20 世纪，物理学家们认为物质将决定宇宙的命运。他们推断，如果宇宙中有足够多的物质，那么其密度将会大到足以使凝聚物质的引力强于让宇宙膨胀的斥力。在经历了几十亿年的膨胀之后，宇宙的膨胀速度将会减慢，并最终逆转，这样时空就会收缩，并以大爆炸的逆过程结束——这个过程被称为"大坍缩"。在这种情况下，宇宙的几何结构是闭合的。

如果宇宙中物质的密度低于某个临界值，那么引力将无法克服让宇宙膨胀的斥力。在这种情况下，宇宙将会一直膨胀下去，其几何结构是开放的。如果物质的密度恰好与临界值相等，那么引力最终将与让宇宙向外膨胀的斥力势均力敌，宇宙的膨胀速度将会减慢，并在未来的某个时刻减至零，且永远为零。在这种情况下，宇宙的几何结构是平坦的。很多不同方式的测量已经表明，宇宙的物质密度确实处于临界水平，而且它的几何结构确实是平坦的。但是，后来我们又发现这是错误的。

黑暗在逼近

在 21 世纪初，人们证实了宇宙实际上正在加速膨胀，而这是由一种被称为暗能量的未知力量造成的。随着宇宙的膨胀，物质变得越来越分散，因此物质的密度就会下降。然而，因为暗能量似乎是空间的一种属性，所以无论宇宙变得有多大，暗能量的密度都保持不变。暗能量在宇宙密度中已经是一个非常重要的因素，并且最终将会完全主宰宇宙。

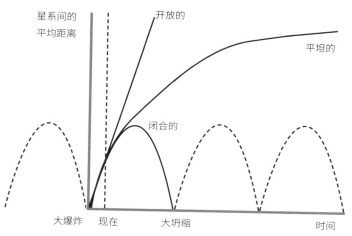

未来：冻结、坍缩还是撕裂
The Future: Freeze, Crunch or Rip

　　既然宇宙学家们现在已经知道了暗能量有多么重要，而且很明显，它将决定宇宙的命运。宇宙的终极命运将有三种可能的结局，这取决于暗能量在未来会发生什么。不幸的是，因为没有人知道暗能量是什么，所以我们无法确定哪个结局才是对的。

大冻结

　　如果暗能量一直保持不变，而宇宙继续加速膨胀，那么物质将会变得越来越分散，直至变成薄雾。熵持续增加，恒星将会死亡；而因为物质过于稀薄，新的恒星将无法继续形成。最终整个宇宙将冷却到接近绝对零度。因此，这种结局被称为"大冻结（Big Freeze）"。

大坍缩

　　然而，如果暗能量不是恒定的，那么未来它就有可能发生逆转，成为让宇宙收缩的引力，并使宇宙坍缩为一个点——这就是"大坍缩"。这种结局可能会导致另一场"大爆炸"，那样的话，宇宙将永远处于这二者的振荡之中。

大撕裂

如果未来这种由暗能量产生的、让宇宙膨胀的斥力增大了，那么总有一天它将会变得比引力更强大。在这种情况下，星系、恒星以及我们的星球最终都将被撕裂——这就是"大撕裂（Big Rip）"。暗能量甚至还可以克服作用于强子之间的强核力，导致原子被撕裂。最终导致"大撕裂"的结局。

宇宙自大爆炸以来一直在膨胀

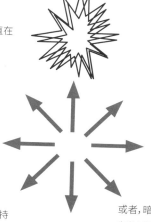

这种膨胀可能会无限地持续下去，最终导致"大冻结"

或者，暗能量可能会破坏所有物质的稳定性，最终导致"大撕裂"

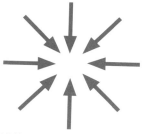

或者，暗能量可能会发生逆转，最终导致"大坍缩"，就像"大爆炸"的逆过程一样

探测原初引力波
Detecting Primordial Gravitational Waves

在广义相对论里，引力波是时空的涟漪。当巨大的质量和能量在时空中运动或发生碰撞时，就会使时空产生扭曲，这种扭曲会以光速像波一样向外传播。早在 20 世纪初，爱因斯坦就首次预言了引力波的存在，但他认为，人类永远无法探测到这种极其微弱的时空扰动。今天，更巧妙、更先进的探测方法证明了他是错的。2017 年，三位科学家因成功探测到引力波（由双黑洞合并产生），被授予了诺贝尔物理学奖，该成果是由一个名为 LIGO（激光干涉引力波观测台）的设备取得的。

上图为位于阿蒙森-斯科特南极站的暗区实验室。图片右边为 BICEP2 望远镜

BICEP 团队"过早"登上头条

另一种类型的引力波被认为是由大爆炸后的宇宙暴胀产生的，但是，人们认为这种引力波非常微弱，无法被直接探测到。

相反，这种引力波可能会在宇宙微波背景中留下踪迹。为此，一台名为宇宙泛星系偏振背景成像（Background Imaging of Cosmic Extragalactic Polarization，BICEP）的微波望远镜一直在扫描宇宙微波背景的特定区域，以寻找由原初引力波引起的时空扰动。2014年，BICEP团队宣布他们确实探测到了原初引力波，并因此登上了新闻头条。但不幸的

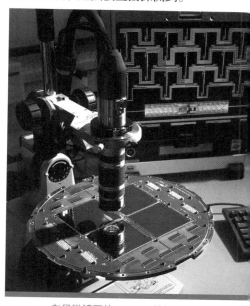

在显微镜下的 BICEP2 的探测器阵列

是，事实证明这是一个错误：他们探测到的实际上是由银河系尘埃所发出的微波。深感内疚的天文学家们现在正在实行一个增强版的方法：他们使用分布在世界不同地区的多台望远镜进行同步探测，并将探测结果进行交叉比对。人们相信，他们最终将会成功探测到原初引力波，只不过可能需要等到2020年之后才能实现。

高能粒子加速器
High Energy Particle Accelerators

大爆炸时期极端的温度、密度和能量水平，是我们现在的宇宙环境所无法比拟的，即使在超新星或者类星体的中心也是如此。那么，物理学家是如何研究极早期宇宙的状态的呢？

其中一个解决方案是在地球上部分地模拟重现那些状态，这也是今天人们建造高能粒子加速器（particle accelerator）的目的。这是一种大型的科学实验装置，其工作原理是利用电磁场把带电粒子加速到接近光速，并使它们相撞。由这种碰撞产生的火球虽然极其地小，却可以重现接近大爆炸时期的宇宙状态。

超高能量

当今世界上最强大的粒子对撞机是位于瑞士日内瓦近郊的大型强子对撞机（Large Hadron Collider，LHC）。在 2015 年完成升级之后，LHC 的最大撞击能量可以达到 14 万亿电子伏（TeV）。为了让你对加速器的建造有个深刻的认识，我们有必要回想一下，当意大利裔美国物理学家恩里科·费米（Enrico Fermi，1901—1954）在 1954 年计算粒子加速器的建造规模和成本时，他估计建造一台最大撞击能量为三万亿电子伏的环形加速器，其圆环的直径可达 1.6 万千米，并且至少需要花费 1,700 亿美元。实际上，LHC 的直径仅为 8.5 千米，造价也"仅"有 100 亿美元。

这种强大的能量使 LHC 创造出了夸克-胶子等离子体，

上图为 LHC 其中一部分的实拍照片

这与在大爆炸 10^{-32} 秒后的电弱时期所产生的物质相类似。LHC 的实验结果也已经解释了很多有关大爆炸的猜想，包括在 2013 年证明了希格斯玻色子的存在，以及在 2017 年年初在重子系统中首次发现电荷-宇称不守恒现象。电荷-宇称不守恒向我们展示了物质和反物质的物理定律是如何不同的，反过来又为我们解开了大爆炸的一大谜题：目前宇宙物质的数量远大于反物质的数量。

未来的对撞机

　　未来，比 LHC 强大几个数量级的粒子加速器将会帮助物理学家更接近大爆炸。因为在大爆炸的话语体系里，更高数量级的能量意味着可以回到更早的时间。现在正处于酝酿中的项目包括撞击能量高达 100 万亿电子伏的"未来环形对撞机"（Future Circular Collider，FCC），不过它需要用到超导磁体以及一些现阶段仍未实现的技术。这样的装置可以帮助物理学家建立一个将引力和其他基本力统一起来的理论，并有助于解释量子引力（见下一页），以及解开暴胀期和电弱时期之前的谜题。

量子引力
Quantum Gravity

20世纪发展起来了两个不同的物理体系，分别用来描述不同尺度下的宇宙。爱因斯坦的相对论拓宽了牛顿的经典力学，为大尺度宇宙提供了更全面的描述：在大尺度宇宙中，物理量具有确定的值，且时间是相对的。而量子力学是在极小的尺度上描述宇宙：假定时间是绝对的，而物理量不再具有确定的值。

大统一理论

在四种基本力中，电磁力、强核力以及弱核力都可以用量子力学来描述，物理学家已经成功地发展出了一种理论（即电弱理论），可以用一组方程来描述电磁力和弱核力。根据大爆炸模型，当温度和能量密度增大到非常高的数量级时，换言之，当你在时间上更接近大爆炸时，四种基本力是统一在一起的。我们假定，量子力学可以创造一种理论，能将电弱相互作用与强核力统一起来，即大统一理论。

但是引力呢？到目前为止，引力还不能用量子力学来描述，但是大爆炸模型表明，如果我们可以回到足够远的过去，且足够接近大爆炸，那时引力和其他三种力是统一的。

一个用来解释这种统一的理论——也被称为万物理论，必须以某种方式将描述引力的相对论与描述其他力的量子力学进行调和，并提供一个关于引力的量子理论，也就是量子引力。

然而，如上所述，这个理论需要调和两种对立的且显然是相互排斥的对宇宙的描述：举个例子，当相对论认为没有绝对时间这种东西时，我们又该如何将时间分割为离散的单元——量子呢？当量子力学的测不准原理表明这种情况不可能出现时，我们又该如何精确地描述时空结构的离散单元呢？

创建量子引力理论是对未来宇宙学和物理学提出的巨大挑战；没有这个理论，我们永远都无法完整地描述大爆炸，也无法知道大爆炸最初的那一瞬间究竟发生了什么。下图展示了各种不同的物理学理论之间的相互关系，以及量子引力最终可能所处的位置。

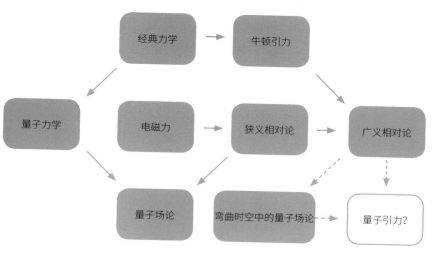

术语表
Glossary

绝对零度： 仅存于理论的最低温度，其热力学温标为零开尔文（0K），大约等于 –273.15℃，在这个温度下所有物质的粒子振动完全停止。

吸积盘： 围绕大质量中心天体进行轨道运动的弥散物质所形成的一种结构，中心天体通常是年轻的恒星或黑洞，弥散物质主要由气体、尘埃和等离子体组成。当盘面以螺旋形向内旋向中心天体时，引力会对物质造成挤压，并使其温度升高，导致 X 射线、红外线或其他电磁辐射的发射。

反物质： 由反粒子构成。反粒子（如反质子、反中子和正电子）拥有与正常粒子相反的性质，并可合成反原子，进而构成反物质。当物质和反物质相遇时，它们就会湮灭，并释放出大量高能光子或 γ 射线。

原子： 所有正常物质的基本组成单位，由原子核（由带正电的质子和不带电的中子构成）以及围绕原子核的带负电的电子云组成；原子核所带的正电荷数与电子所带的负电荷数相等，所以原子整体上是电中性的。

重子： 由三个夸克构成的亚原子粒子，如质子和中子。

大爆炸： 该学说认为，宇宙是在 138 亿年前由一个点爆炸（或者说膨胀）产生的。在诞生之初，我们的宇宙是一个温度极其高且密度极其大的火球。大爆炸创造了时间和空间，所以也就没有所谓的大爆炸"之前"一说。

大坍缩： 宇宙的终极命运将有三种可能的结局，这是其中之一。要么暗能量发生变化，使宇宙由膨胀变为收缩，要么宇宙的物质密度超过了一个临界极限，使凝聚物质的引力强于让宇宙膨胀的斥力，并最终逆转这一膨胀过程，导致宇宙坍缩成一个奇点。

大冻结： 宇宙的终极命运将有三种可能的结局，这是其中之二。熵持续增加，物质将会变得越来越分散，使得热量均匀分布，以致所有区域最终都接近绝对零度，且物质因为过于稀薄而无法发生相互作用，以形成新的恒星。

大撕裂： 宇宙的终极命运将有三种可能的结局，这是其中之三。由暗能量产生的、让宇宙膨胀的斥力远大于其他所有力，使得物质被撕裂为的基本粒子。

黑洞： 时空中的无底洞，任何光或者物质都无法从中逃脱。一个大质量物体在其自身引力作用下会坍缩为一个密度无限大的奇点，即黑洞。

玻色子： 传递基本相互作用的基本粒子。

守恒定律： 物质和能量不能凭空出现，在发生任何改变或相互作用前后，总量必须保持一致。

宇宙微波背景： 也被称为"创世的余晖"——大爆炸遗留下的热辐射，也是我们宇宙中最古老的光，均匀地分布在整个宇宙空间中，由大爆炸遗留下的光子组成。一旦早期宇宙的不透明等离子体云雾复合成电中性的气体，这些光子就可以在宇宙中自由传播。在这之后的宇宙膨胀将这些辐射的波长红移到了微波波段。

暗能量： 一种导致宇宙加速膨胀的未知力量，代表现今宇宙中占据主导地位的物质或者能量。

暗物质： 一种不与电磁力产生作用的未知物质，也就是不会吸收、反射或发出光。所以不能被看见。与普通物质的比例接近于 6 : 1。天文学家在观测星系的旋转速度时，发现星系并不是按照他们所预期的方式旋转的，故推测有大量暗物质存在。

电磁力： 处于电场、磁场或电磁场的带电粒子所受到的作用力，四种基本力的其中一种，由光子来传递。

元素： 构成物质的基本单位，不能直接用化学方法分解。同一种化学元素是由相同的原子组成的，即具有同样数量的质子和电子，尽管原子核中不同数量的中子会形成不同种类的同位素。

能量： 做功或导致物理状态发生变化的能力。

熵： 被定义为无序、随机或不能做功的能量，描述的是一个系统混乱的程度，而热力学第二定律表明熵总是增加的。

质能等价性： 质量和能量是可以互相转换的——相对来说，质量是不同状态的能量，正如质能方程 $E=mc^2$ 所描述的那样。因此，任何质量都有相应的能量，任何能量也都有相应的质量。

力： 一种相互作用，可以在两个物体之间传递能量，而基本相互作用是通过一种被称作规范玻色子的粒子进行传递的。

胶子： 传递强核力的规范玻色子。

引力： 具有质量的物体之间相互吸引的作用，自然界的四大基本相互作用之一。

强子： 一种由夸克或反夸克通过强核力捆绑在一起的复合粒子，主要分为两大类——重子和介子。

暴胀： 该假说认为，在宇宙演化的极早期（实际上是紧挨着大爆炸），时间和空间经历了超光速的巨大膨胀，使得宇宙的大小在 10^{-32} 秒之内增加了至少 90 倍。

离子： 当一个原子或分子失去或得到一个或多个电子时所形成的一种带电粒子。

同位素： 质子数相同但中子数不同的原子被称为同位素。

轻子： 一种不参与强相互作用的基本粒子，包括电子和中微子。

质量： 描述物体惯性大小和引力作用强弱的物理量。

介子： 由一个夸克和一个反夸克组成的亚原子粒子，可以参与强相互作用。

多重宇宙： 一种尚未被证实的假说。该假说认为，在我们的宇宙之外，很可能还存在着其他的宇宙，而这些宇宙可能其基本物理常数和我们所认知的宇宙相同，也可能不同。

中微子： 一种轻子，呈电中性，且几乎没有质量，因此不参与强相互作用以及电磁相互作用，而只参与引力相互作用以及弱相互作用。中微子以接近光速运动，可自由穿过几乎所有物质，与其他物质的相互作用十分微弱，被称为宇宙中的"隐身人"。

中子： 由三个夸克构成的亚原子粒子，呈电中性，具有略大于质子的质量，与质子结合一起构成原子核。

核合成： 质子和中子聚集起来生成原子核的过程

原子核： 位于原子的核心部分，占了原子绝大部分的质量，与围绕其运动的电子一起组成原子。

悖论： 一种导致矛盾的命题，通常从逻辑上无法判断正确或错误

秒差距： 用来描述宇宙距离的一种尺度，一秒差距约为 3.26 光年。

光子： 传递电磁相互作用的基本粒子，是一种规范玻色子，在真空中以光速传播，静止质量为零。

普朗克常数： 一个物理常数，用以描述量子大小，包括可能的最小时间和长度单位，以及理论上的最高温度和能量。

等离子体： 物质的状态之一，是物质的高能状态，其物理性质与固态、液态和气态不同，常被视为物质的第四态，即等离子态。

质子： 由三个夸克组成的亚原子粒子，带一个单位正电荷。

量子： 一个物理量如果存在最小的不可分割的基本单位，则这个物理量是量子化的，并把这个最小单位称为量子。

夸克： 一种基本粒子，构成物质的基本单元。夸克互相结合，形成一种复合粒子，即强子，最稳定的强子是质子和中子。由于一种被称为"夸克禁闭"的现象，夸克不能直接被观测到，或是被分离出来。

类星体： 被科学家们认为是"正在进食的黑洞"或者活动星系核。当大量物质以极高的速度落入星系核中心的超大质量黑洞时，就会产生巨大的能量和辐射。

相对论： 关于时空和引力的理论，主要由爱因斯坦创立，依其研究对象的不同可分为狭义相对论和广义相对论。相对论和量子力学的提出给

物理学带来了革命性的变化，它们共同奠定了现代物理学的基础。

奇点：一个体积无限小、密度无限大、引力无限大、时空曲率无限大的点，在这个点上，目前所知的物理定律无法适用。例如处于黑洞中心的奇点以及在宇宙大爆炸发生之前的奇点。

强核力：作用于强子之间的力，是已知四种基本力中最强的，一般认为是由胶子传递的。

超新星：某些恒星在演化接近末期时所经历的一种剧烈爆炸。这种爆炸极其明亮，过程中所释放的电磁辐射经常能够照亮其所在的整个星系，并可能持续几周至几个月甚至几年才会逐渐衰减。

弱核力：四种基本力的一种，可引起亚原子粒子的放射性衰变，由 W 玻色子和 Z 玻色子进行传递。

虫洞：又称为"爱因斯坦–罗森桥"，是宇宙中可能存在的连接两个不同时空的狭窄隧道。

索引
Index

图片版权

除以下图片，全书插图或图片均由戴安娜·劳（Diane Law）绘制。

赫歇尔制作的焦距为40英尺的望远镜（第22页）：扫描自1867年11月出版的《休闲时光》杂志合订本，第729页；比萨斜塔（第28页）：Saffron Blaze，来自 http://www.mackenzie.co；三角钢琴（第29页）：Steinway & Sons；引力阱（第34页）：维基共享；查佩克罗斯核电站（第38页）：https://en.wikipedia.org/wiki/Chapelcross_nuclear_power_station；蛋奶酥（第56页）：https://commons.wikimedia.org/wiki/File:Choco_souffle.jpg；泡沫宇宙（第72页）：Dreamstime图库；NGC 3081（第88页）：ESA/Hubble & NASA，感谢 R. Buta（美国阿拉巴马大学）；NGC 2683（第91页）：ESA/Hubble & NASA；乔治·勒梅特（第94页）：鲁汶天主教大学，来自维基共享；阿尔伯特·爱因斯坦（第97页）：裁剪自伯尔尼历史博物馆原作；埃德温·哈勃（第100页）：公版图片；胡克望远镜（第101页）：http://www.andrewdunnphoto.com；亚历山大·弗里德曼（第102页）：公版图片；鲍里斯·安烈普的马赛克作品（第104页）：https://commons.wikimedia.org/wiki/File:Pursuit_mosaic,_National_Gallery.jpg；维拉·鲁宾（第106页）：NASA；维拉·鲁宾和约翰·格伦的合影（第107页）：来自 Jeremy Keith；史蒂芬·霍金（第109页）：https://commons.wikimedia.org/wiki/File:Stephen_Hawking.StarChild.jpg；卡拉比-丘流形（第112页）：https://commons.wikimedia.org/wiki/File:Calabi_yau.jpg；弦理论示意图（第113页）：https://commons.wikimedia.org/wiki/File:D-brane.PNG；引力波（第114，115页）：NASA；仙女星系（第121页）：NASA/JPL-Caltech；中微子雨（第127页）：Dreamstime图库；太阳的表面（第129页）：NASA/SDO；金条（第136页）：来自 Agnico Eagle Mines Limited；暗区实验室（第146页）：https://commons.wikimedia.org/wiki/File:South_pole_spt_dsl.jpg；大型强子对撞机（第149页）：来自 Maximilien Brice